# وحدات دراسية

بذلت شركة Great Minds® قصارى جهدها للحصول على إذن لإعادة طباعة جميع المواد المحمية بحقوق الطبع والنشر. إذا لم يتم التعرف على أي مالك للمواد المحمية بحقوق الطبع والنشر هنا ، يرجى الاتصال بـ Great Minds للحصول على الإقرار المناسب في جميع الإصدارات المستقبلية وإعادة طبع هذه الوحدة.

الاسم _____    التاريخ _____

استخدم الرسم البياني للإجابة على الأسئلة.

☐ = حيوان واحد

**الحيوانات في مزرعة ليلى**

| خنازير | أبقار | خروف |
|---|---|---|

عدد الحيوانات

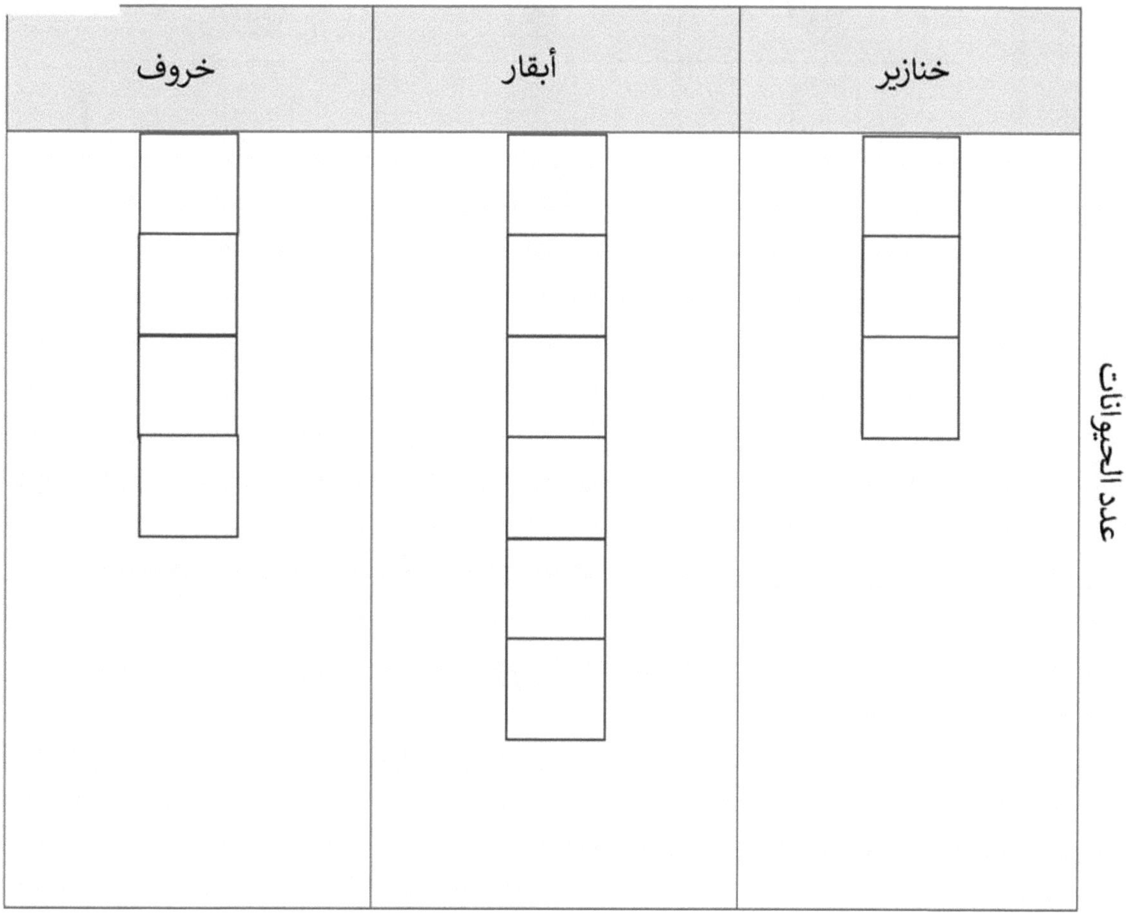

1. كم إجمالي عدد الحيوانات في مزرعة ليلى؟ _____ حيوان

2. كم يقل عدد الأغنام عن عدد الخنازير في مزرعة ليلى؟ _____ خروف أقل

3. كم يزيد عدد الأبقار عن عدد الأغنام في مزرعة ليلى؟ _____ أبقار أكثر

استخدم الرسم البياني للإجابة على الأسئلة. أكمل الفراغات، واكتب جملة رقمية تساعدك في حل المسألة.

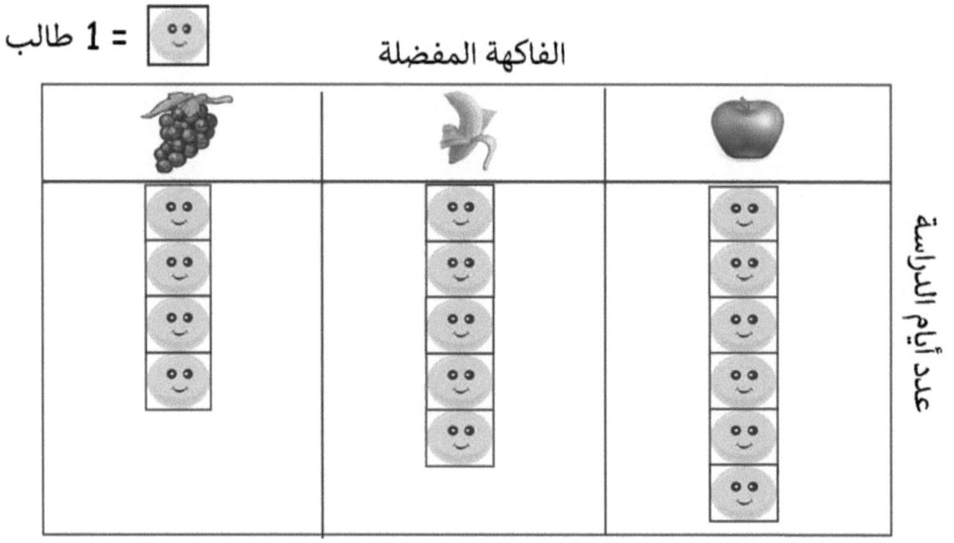

الفاكهة المفضلة                                    ☺ = 1 طالب

6. كم يقل عدد الطلاب الذين اختاروا الموز عن الذين اختاروا التفاح؟

   _____ طلاب أقل اختاروا الموز عن الذين اختاروا التفاح. _____

7. كم يقل عدد الطلاب الذين اختاروا الموز عن الذين اختاروا العنب؟

   _____ طلاب أكثر اختاروا الموز عن الذين اختاروا العنب. _____

8. كم يقل عدد الطلاب الذين اختاروا العنب عن الذين اختاروا التفاح؟

   _____ طلاب أقل اختاروا العنب عن الذين اختاروا التفاح. _____

9. قدم عدد جديد من الطلاب إجاباتهم حول الفاكهة المفضلة. إذا كان إجمالي عدد الطلاب الجديد الذين أجابوا هو 20، كم طالبًا أكثر قدموا إجابات؟

   _____ طلاب أكثر قدموا إجابات عن الأسئلة. _____

الاسم ______________ التاريخ ______________

استخدم الرسم البياني للإجابة على الأسئلة. أكمل الفراغ وأكتب جملة رقمية على اليمين لحل المسألة.

طقس اليوم الدراسي

□ = يوم واحد

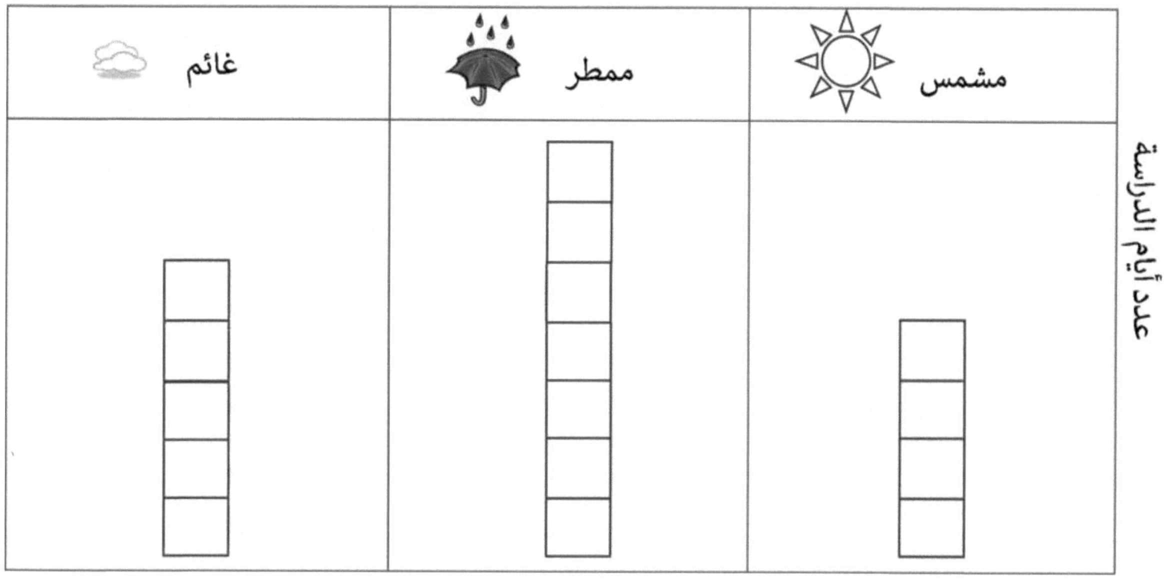

مشمس
ممطر
غائم
عدد أيام الدراسة

1. كم يزيد عدد الأيام الغائمة عن الأيام المشمسة؟

_______ أيام غائمة اكثر من المشمسة . ______________________________

2. كم يقل عدد اليام الغائمة عن الماطرة؟

_______ أيام غائمة اكثر من الممطرة. ______________________________

3. كم يزيد عدد الأيام الممطرة عن المشمسة؟

_______ أيام ممطرة أكثر من المشمسة. ______________________________

4. كم إجمالي عدد الأيام التي تتبع فيها الفصل حالة الطقس؟

استمر الفصل في المتابعة _______ أيام. ______________________________

5. إذا كانت الأيام الدراسية الثلاثة التالية مشمسة، كم سيكون إجمالي عدد الأيام المشمسة؟

_______ يومًا سيكون مشمسًا. ______________________________

# اكتب

_____

_____

_____

# اقرأ

صنعت زوي قلادات صداقة لصديقاتها الثلاثة (3) المقربات.

قم بعمل رسم بياني يوضح لوني الخرز الذي استخدمته. استخدم 8 خرزات خضراء لليلي، و 4 خرزات أرجواني لجميلة، و12 خرزة خضراء لساجي. كم خرزة خضراء استخدمتها؟

# ارسم

الدرس 12 تذكرة الخروج 3•1

الاسم ______________________________ التاريخ ______________

استخدم المربعات الخالية من الفجوات أو التداخلات لتنظيم البيانات من الصورة.
**صفّ المربعات الخاصة بك بعناية.**

كل صورة تمثل صوت طالب واحد.

الحيوانات المفضلة في الحديقة

عدد الطلاب

| حيوانات الحديقة | | |
| --- | --- | --- |
| | زرافة | |
| | فيل | |
| | أسد | |

1. اكتب جملة رقمية لإظهار إجمالي عدد الطلاب الذين سُئلوا عن حيوانهم المفضل في **حديقة** الحيوان.

______________________________

2. اكتب جملة رقمية لتوضيح كم يقل عدد الطلاب الذين **يحبون** الأفيال عن الذين يحبون الزرافات.

______________________________


EUREKA MATH

كتب كل طالب في الفصل ملحوظة لبيان نوع الحيوان الأليف المفضل لديه. استخدم الرسم البياني للإجابة على الأسئلة.

الحيوان الأليف المفضل

= 1 طالب

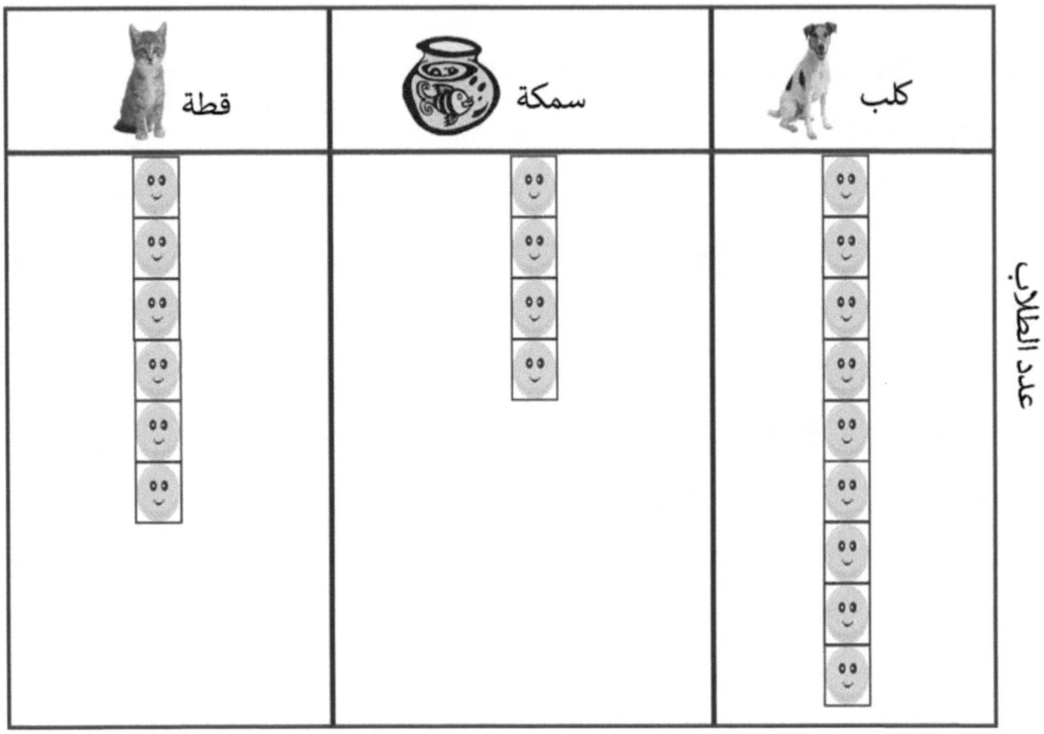

كلب
سمكة
قطة
عدد الطلاب

5. كم عدد الطلاب الذين اختاروا الكلاب أو القطط كحيوانهم الأليف المفضل؟

__________ طالب (طلاب)

6. كم يزيد عدد الطلاب الذين اختاروا الكلاب عن عدد الطلاب الذين اختاروا القطط كحيوانهم الأليف المفضل؟

__________ طالب (طلاب)

7. كم يزيد عدد الطلاب الذين اختاروا القطط عن الذين اختاروا السمك؟

__________ طالب (طلاب)

الاسم ______________________ التاريخ ______________

استخدم المربعات الخالية من الفجوات أو التداخلات لتنظيم البيانات من الصورة.
صفّ المربعات **الخاصة** بك بعناية.

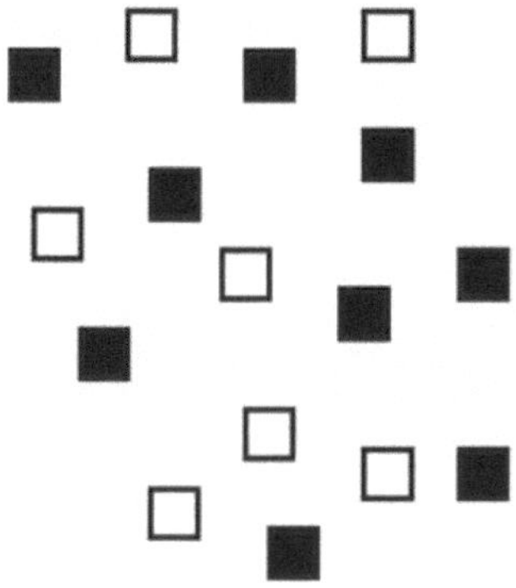

نكهة الآيس كريم المفضلة □ = 1 طالب

| النكهات | عدد الطلاب |
|---|---|
| □ الفانيلا | |
| ■ الشوكولاته | |

1. كم يزيد عدد **الطلاب** الذين أحبوا الشوكولاته عن الذين أحبو الفانيليا؟ ____________ طالب(طلاب)

2. كم إجمالي عدد الطلاب **الذين** تم سؤالهم عن نكهة الآيس كريم المفضلة لديهم؟

____________ طالب(طلاب)

---

□ = 1 طالب

| أنواع أربطة الأحذية: أربطة الأحذية | عدد الطلاب |
|---|---|
| لاصق | □□□□□ |
| رباط | □□□□□□□□ |
| بدون رباط | □□□□□□□ |

3. اكتب جملة رقمية لإظهار عدد الطلاب **الذين** سُئلوا عن أحذيتهم.

______________________________

4. أكتب جملة عددية لإظهار كم يقل عدد الطلاب الذين لديهم أحذية **بلاصق** عن عدد الطلاب الذين لديهم أحذية برباط.

______________________________

# اكتب

_____

_____

_____

## اقرأ

ذهب فصل كينجستون في رحلة إلى الحديقة. جمع البيانات حول الحيوانات الإفريقية المفضلة لديه. رأي أسدين (2)، و 11 غوريلا، 7 حمير وحشية. كيف يمكن أن تبدو طاولته؟ اكتب سؤالاً يستطيع زملائك في الفصل الإجابة عليه بالنظر إلى الطاولة.

## ارسم

EUREKA MATH

الاسم ______________________ التاريخ ______________

جمع فصل المعلومات في الرسم البياني أسفله. سأل الطلاب بعضهم البعض: من بين الأعاب الحيوانات المحشوة، والسيارات اللعبة والبلوكات، أيها تكون لعبتك المفضلة؟

بعد ذلك، رتبوا المعلومات في هذا الرسم البياني.

| لعبة | عدد الطلاب |
|---|---|
| حيوانات محشوة | 11 |
| سيارات لعبة | 5 |
| بلوكات | 13 |

1. كم عدد الطلاب الذين اختاروا السيارات اللعبة؟ __________

2. كم عدد الطلاب الذين اختاروا البلوكات والحيوانات المحشوة؟ __________

3. كم عدد الطلاب الذين سيحتاجون إلى اختيار السيارات اللعبة ليتساوى العدد مع عدد الطلاب الذين يختارون البلوكات؟ __________

- أكمل إطارات جمل الأسئلة لطرحها حول بياناتك.
- تبادل الأوراق مع شريك، واطلب من شريكك الإجابة على أسئلتك.

1. كم عدد الطلاب الذين أحبوا _____ أكثر؟

2. أي فئة حصلت على أقل تصويت؟ _____

3. كم طالبًا أحبوا _____ أكثر من _____ ؟

4. كم عدد الطلاب الذين أحبوا _____ أو _____ أكثر؟

5. كم عدد الطلاب الذين أجابوا على السؤال؟ وكيف عرفت؟

قصة الوحدات — الدرس 11 مجموعة مسائل — 3•1

الاسم _____  التاريخ _____

مرحبًا في يوم البيانات! اتبع التعليمات **لجمع وترتيب** البيانات. بعد ذلك اطرح الأسئلة حول **البيانات** وأجب عليها.

- اختر سؤالاً. ضع دائرة حول اختيارك.
- اختر أسئلة من ثلاث خيارات.
- وجه السؤال لزملائك في الفصل، وأظهر لهم الخيارات الثلاثة. سجل البيانات في قائمة صف.
- رتب البيانات في الرسم أسفله.

| أي حيوان تحب أن تكون؟ | أي مادة دراسية تحبها أكثر؟ | ما الذي تحب فعله في الملعب في الغالب؟ | أي أكلة خفيفة تحبها أكثر؟ | أي فاكهة تحبها أكثر؟ |
|---|---|---|---|---|
|  |  |  |  |  |

| خيارات الإجابة | عدد الطلاب |
|---|---|
|  |  |
|  |  |
|  |  |

اكتب

_____

_____

_____

# اقرأ

سأل لاري صديقه ما إذا كانت القطط أم الكلاب هي الأكثر ذكاءً. 9 من أصدقائه يعتقدون أن الكلاب أكثر ذكاءً، و 6 يعتقدون أن القطط أكثر ذكاءً. ارسم جدول لإظهار مجموعة بيانات لاري. كم عدد الأصدقاء الذين سألهم؟

# ارسم

الاسم _____ التاريخ _____

تم سؤال مجموعة من الطلاب عما أكلوه على الغداء. استخدم البيانات أدناه للإجابة على الأسئلة التالية.

**غداء الطلاب**

| غداء | عدد الطلاب |
|---|---|
| ساندويتش | 3 |
| سلطة | 5 |
| بيتزا | 4 |

1. ما العدد الإجمالي للطلاب **الذين** أكلو البتزا؟ _____ طالب (طلاب)

2. ما هو الطعام الذي تناوله العدد **الأكبر** من الطلاب؟ _____

3. ما العدد الإجمالي للطلاب الذين أكلو البتزا أو الساندويتش؟ _____ طالب (طلاب)

4. أكتب جملة جمع للعدد الإجمالي من الطلاب **الذين** تم سؤالهم عما أكلوه على الغداء.

_____

# الدرس 10 مجموعة المسائل

الاسم _____ التاريخ _____

طُلب من مجموعة من الأشخاص قول لونهم المفضل. نظم البيانات باستخدام علامات العد والإجابة على الأسئلة.

| | |
|---|---|
| أحمر | |
| أخضر | |
| أزرق | |

1. كم شخصًا اختار اللون الأحمر كلونهم المفضل؟ _____ شخصًا يحب اللون الأحمر.

2. كم شخصًا اختار اللون الأزرق كلونهم المفضل؟ _____ شخصًا يحب اللون الأخضر.

3. كم شخصًا اختار اللون الأخضر كلونهم المفضل؟ _____ شخصًا يحب اللون الأخضر.

4. أي لون حصل على أقل عدد من الأصوات؟ _____

5. اكتب جملة رقمية لتخبر عن عدد الأشخاص الذين سُئلوا عن لونهم المفضل.

_____

# أكتب

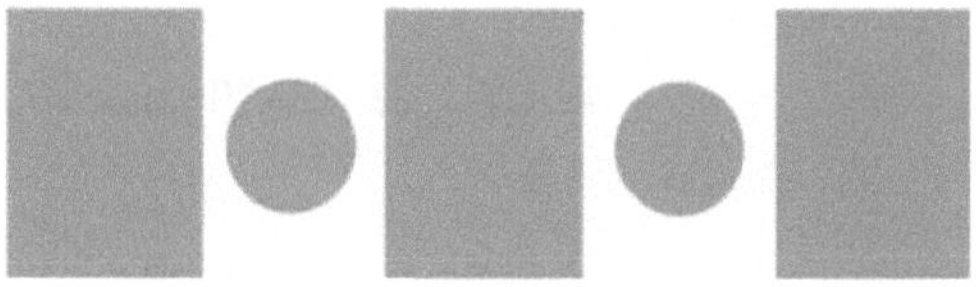

يوجد ▮ عناصر أكثر للقياس.

# اقرأ

كان هناك 14 عنصرًا على الطاولة لقياسها.

قمت بقياس 5 منها. كم عدد العناصر للقياس؟

# ارسم

الاسم _____ التاريخ _____

استخدم مكعّبات السنتيمتر لنمذجة المسألة. بعد ذلك، ارسم صورة لنموذجك.

نمى شعر منى 7 سنتيمترات. نمى شعر كلاير 15 سنتيمترًا. كم يقل نمو شعر منى **عن** نمو شعر كلاير؟

7. قصت كيم قطعة من الشريط لأمها يبلغ طولها 14 سنتيمترًا. قالت الأم أن طول الشريط زائد عن المطلوب 8 سنتيمترات. كم يجب أن **يكون** طول الشريط؟

8. طول ذيل كلب لي 15 سنتيمترًا. إذا كان طول ذيل كلب كيت 9 سنتيمتر، كم يزيد **طول** ذيل كلب لي عن ذيل كلب كيت؟

3. كم **طول** القلم الأصفر من القلم الأزرق؟

القلم الأصفر _____ سنتيمترات **أطول** من القلم الأزرق.

4. كم يقل طول **القلم** الأزرق عن طول القلم الأصفر؟

طول القلم الأزرق أقصر _____ سنتيمترات من **القلم** الأصفر.

استخدم مكعبات السنتيمتر الخاصة بك لوضع نموذج لكل مسألة.
ثم حلها برسم صورة لنموذجك وكتابة جملة رقمية وبيان.

5. يريد أوستين عمل قطار طوله 13 مكعبًا سنتيمتريًا.
إذا كان قطاره يبلغ طوله 9 سنتيمترات، فكم **عدد** المكعبات التي يحتاجها؟

6. طول قارب كيا 12 سنتيمترًا، وطول قارب ميجان 8 سنتيمترات. كم يقلّ طول قارب **ميجان** عن قارب كيا؟

الاسم _____ التاريخ _____

1. انظر الصورة أدناه. **ما مدى طول الغيتار أ من الغيتار ب؟**

الغيتار **A** أطول من الغيتار **B** بــ _____ وحدة.

2. قم بقياس كل كائن بمكعبات السنتيمتر.

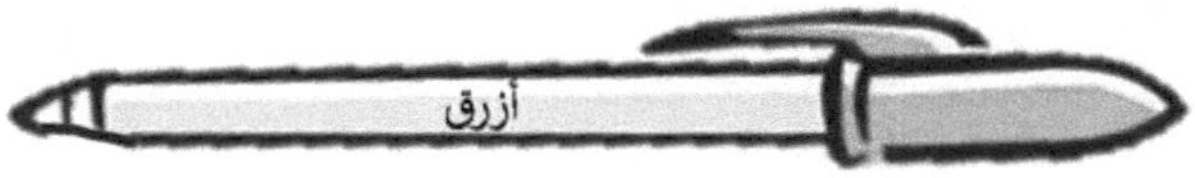

القلم الأزرق _____ _____.

القلم الأصفر _____ _____.

# اكتب

_____

_____

_____

# اقرأ

اشترى كوري قلم ألوان رائع فائق الطول يبلغ طوله 14 سنتيمترًا. قلمه الألوان العادي يبلغ طوله 9 سنتيمترات. استخدم المكعبات السنتيمترية لإيجاد كم يزيد طول قلم ألوان كوري الجديد عن طول قلمه الألوان العادي.

اكتب عبارة للإجابة عن السؤال. اكتب جملة رقمية لعرض ما فعلت.

# ارسم

قصة الوحدات

الاسم ______________________ التاريخ ____________

ضع دائرة حول وحدة الطول التي ستستخدمها للقياس. استخدم نفس وحدة الطول لجميع الاشياء.

مشابك الورق الصغيرة

مشابك الورق الكبيرة

عيدان الأسنان

مكعبات سنتيمترية

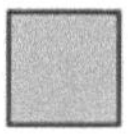

اختر شيئان في مكتبك تريد قياسها. قم بقياس كل شيء وسجل القياس.

| اشياء تعليمية بالفصول الدراسية | القياس |
|---|---|
| أ. | |
| ب. | |

239 الدرس 8: افهم الحاجة لاستخدام نفس الوحدات عند مقارنة القياسات بالآخرين.

الاسم _____ التاريخ _____

ضع دائرة حول وحدة الطول التي ستستخدمها للقياس. استخدم نفس وحدة الطول لجميع الاشياء.

مشابك الورق الصغيرة    مشابك الورق الكبيرة

عيدان الأسنان     مكعبات سنتيمترية

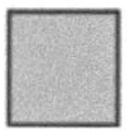

قم بقياس كل عنصر مدرج على الرسم البياني، وقم بتسجيل القياس. أضف أسماء اشياء أخرى في الفصل الدراسي وقم بتسجيل قياساتها.

| القياس | اشياء تعليمية بالفصول الدراسية |
|---|---|
|  | أ. عصا الغراء |
|  | ب. قلم سبورة |
|  | ج. قلم رصاص غير مبري |
|  | د. سبورة شخصية بيضاء |
|  | هـ. |
|  | و. |
|  | ز. |

# اكتب

_____

_____

_____

# 1∙3

## الدرس 8 مسائل تطبيقية

### اقرأ

معي 2 قلم تلوين. طول كل قلم تلوين 9 مكعبات سنتيمترية. لدي أيضًا فرشاة رسم. طول فرشاة الرسم هو نفس طول قلمي الألوان. كم مكعب سنتيمتري يبلغ طول فرشاة الرسم؟ استخدم مكعّبات سنتيمترية لحل المسألة. بعد ذلك، ارسم صورة، واكتب جملة رقمية وعبارة للإجابة على السؤال.

### ارسم

الاسم _____     التاريخ _____

قس طول كل شيئ مستخدمًا مشبك ورق **كبير**. قس طول كل شيئ مستخدمًا مشبك ورق **صغير**. أكمل الرسم مستخدمًا قياساتك.

| اسم الشيء | عدد مشابك الورق الكبيرة | عدد مشابك الورق الصغيرة |
|---|---|---|
| أ. الشبرة/الربطة | | |
| ب. شمعة | | |
| ج. المزهرية والأزهار | | |

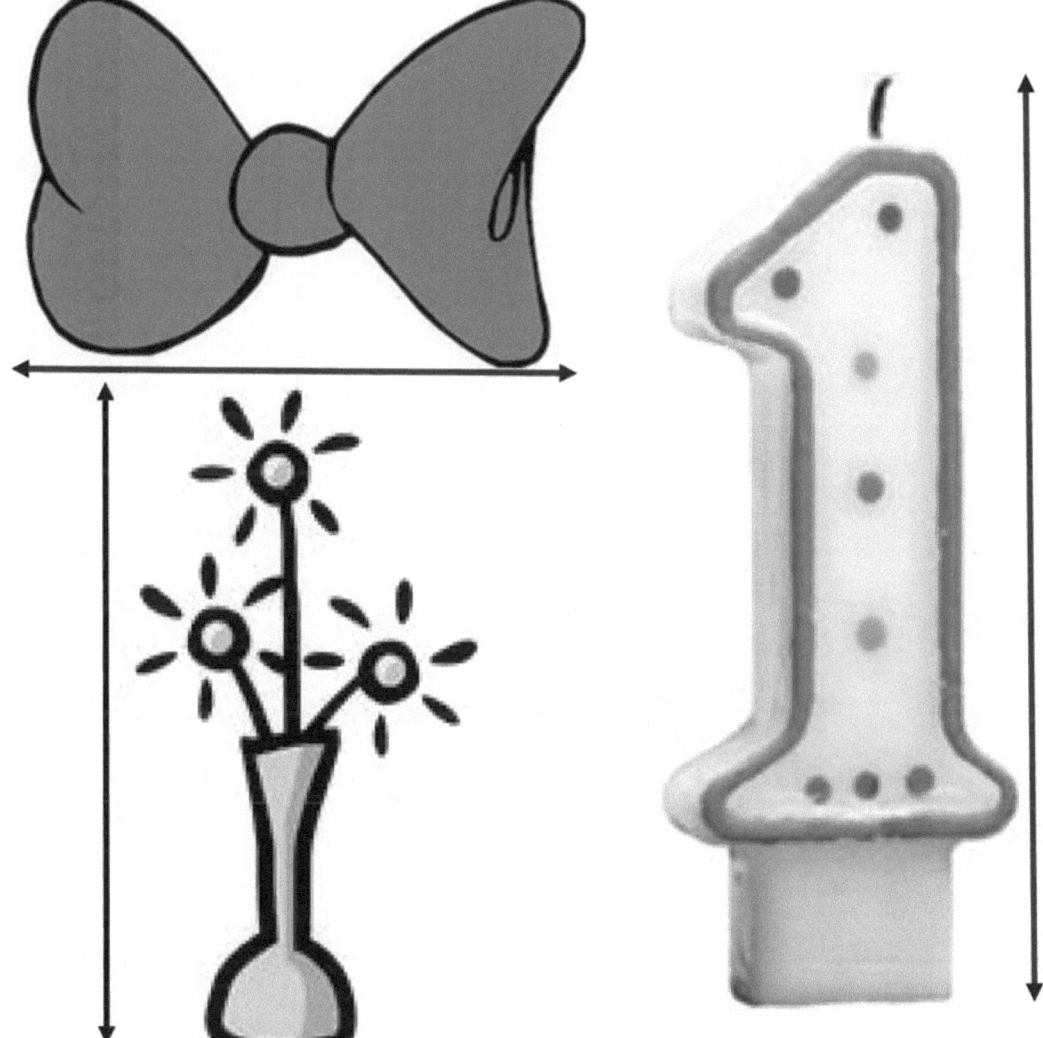

2. قس طول كل شيئ مستخدمًا مشبك ورق **صغير**. أكمل الرسم مستخدمًا قياساتك.

| اسم الشيء | عدد مشابك الورق الصغيرة |
|---|---|
| a. زجاجة | |
| b. يرقة | |
| c. مفتاح | |
| d. قلم | |
| e. ملصق بقرة | |
| f. ورقة حل المسألة | |
| g. كتاب القراءة (من الفصل) | |

الاسم _____  التاريخ _____

1. قس طول كل شيئ مستخدمًا مشبك ورق **كبير**. أكمل الرسم مستخدمًا قياساتك.

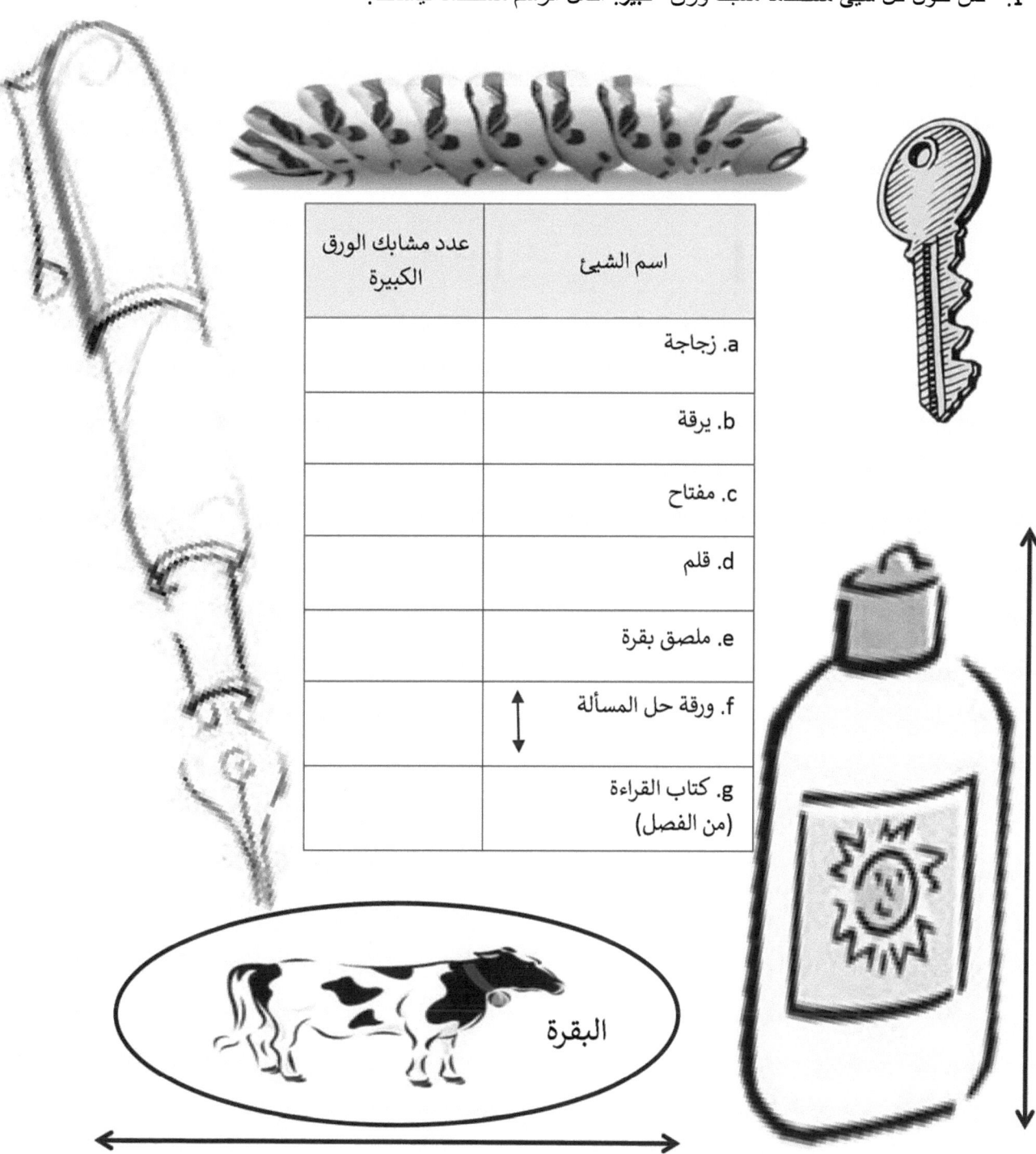

| اسم الشيئ | عدد مشابك الورق الكبيرة |
|---|---|
| a. زجاجة | |
| b. يرقة | |
| c. مفتاح | |
| d. قلم | |
| e. ملصق بقرة | |
| f. ورقة حل المسألة | |
| g. كتاب القراءة (من الفصل) | |

اكتب

_____

_____

_____

## اقرأ

عندما قاس كورس قلمه الرصاص الجديد، استخدم 19 مكعبًا سنتيمتريًا. بعد قيامه ببري القلم، يحتاج إلى 4 مكعبات سنتيمترية أقل. كم طول قلم كوري بعد بريه؟ استخدم مكعّبات سنتيمترية لحل المسألة. اكتب جملة عددية وعبارة للإجابة على السؤال.

## ارسم

الاسم _____ التاريخ _____

اقرأ قياسات صور الأدوات.

طول المفتاح 8 سنتيمترات.

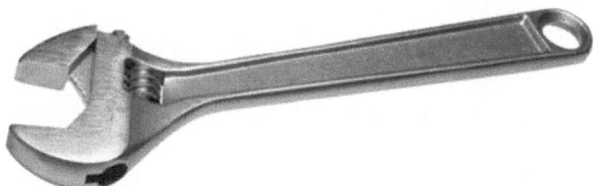

طول مفك البراغي 12 سنتيمترًا.

طول المطرقة 9 سنتيمترات.

1. رتب صور الأدوات من الأقصر إلى الأطول.

_____   _____   _____

2. كم يزيد طول مفك البراغي عن طول المفتاح؟

مفك البراغي _____ سنتيمترات أطول من المفتاح.

استخدم مكعبات سنتيمترية الخاصة بك لوضع نموذج لكل طول، وأجب عن السؤال. أكتب عبارة توضح إجابتك.

3. طول لعبة بيتر التيرانوصور 11 سنتيمتر وطول لعبته الرابتور 6 سنتيمتر. كم يزيد طول التيرانوصور عن طول الرابتور؟

4. تدحرج قلم ميحويل 17 سنتيمترًا، وتدحرج قلم سونيا 9 سنتيمترًا. كت تقل دحرجة قلم سونيا عن دحرجة قل ميجويل؟

5. تصنع تانيا برجًا مكعبًا بارتفاع 3 سم أطول من برج فينس. إذا كان طول برج فينس 9 سم، فكم يبلغ طول برج تانيا؟

2. رتب الكائنات أسفله من الأقصر إلى الأطول مستخدمًا الأعداد 1، و 2، و 3. استخدم المكعبات السنتيمترية للتحقق من إجابتك، وبعد ذلك أكمل الجمل لحل المسائل d و e و f، و g.

أ. صانع الضوضاء: _____

ب. البالون: _____

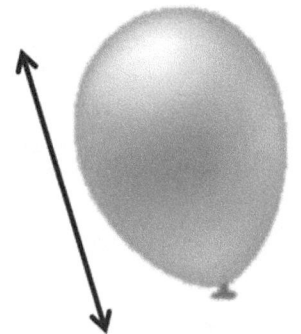

ج. الهدية: _____

د. طول الهدية حوالي _____ سنتيمتر.

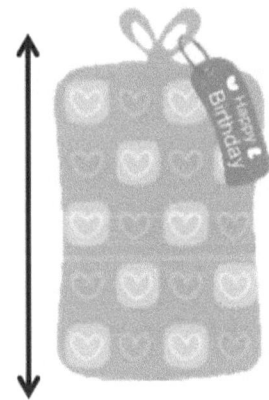

هـ. طول صانع الضوضاء حوالي _____ سنتيمتر.

و. طول البالون حوالي _____ سنتيمتر.

ز. صانع الضوضاء أطول من الهدية بحوالي _____ سنتيمتر.

الاسم _____ التاريخ _____

1. رتب الحشرات من الأطول إلى الأقصر عن طريق كتابة أسماء الحشرات على الأسطر. استخدم مكعبات سنتيمترية للتحقق من إجابتك. اكتب طول كل حشرة في المساحة على يمين الصور.

الحشرات من الأطول إلى الأقصر هي

_____     _____     _____

ذبابة

____ سنتيمترات

يرقة

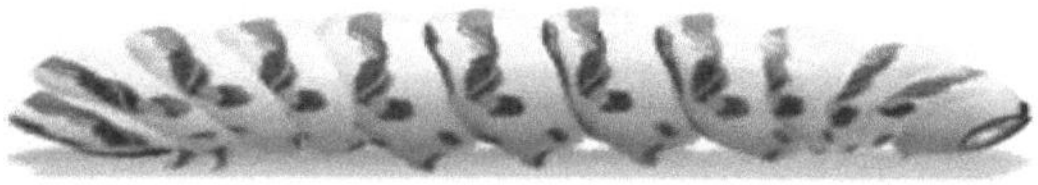

____ سنتيمترات

نحلة

____ سنتيمترات

# اكتب

_____

_____

# اقرأ

طول مصاصة جوليا حوالي 15 سنتيمتر. قاست المصاصة مع 9 مكعبات سنتيمترية حمراء وبعض المكعبات السنتيمترية الزرقاء. كم عدد المكعبات السنتيمترية التي استخدمتها؟ تذكر استخدام أسلوب اقرأ وارسم واكتب.

# ارسم

الاسم _____  التاريخ _____

استخدم المكعبات السنتيمترية لقياس طول العناصر. أكمل الجمل.

1. طول زجاجة الماء حوالي _____ سنتيمترات.

2. طول البطيخة حوالي _____ سنتيمترات.

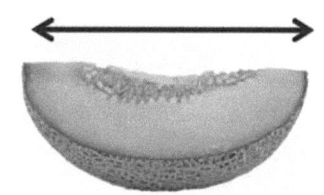

3. طول المسمار حوالي _____ سنتيمترات.

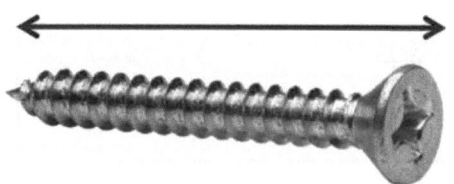

4. طول الشمسية حوالي _____ سنتيمترات.

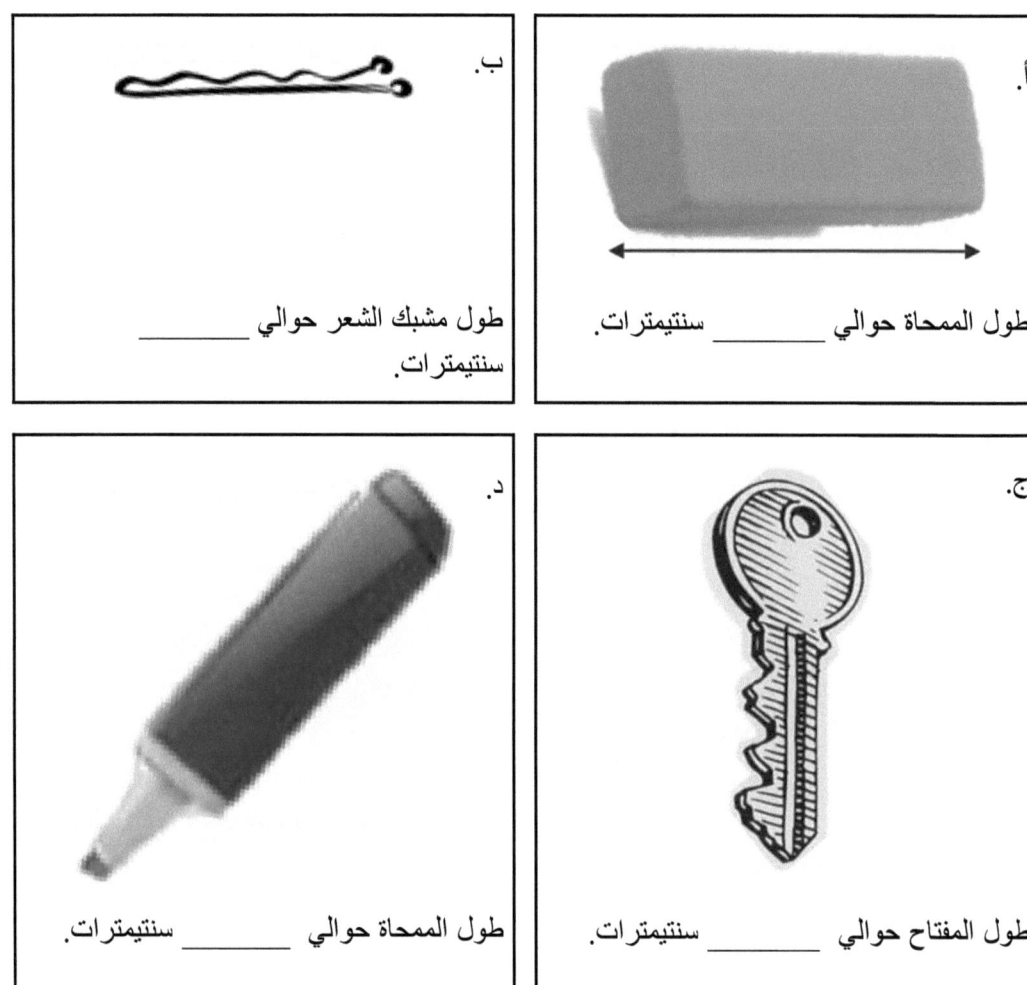

4. استخدم المكعبات السنتيمترية لقياس طول الأشياء أدناه. أكمل طول كل كائن.

أ. طول الممحاة حوالي _____ سنتيمترات.

ب. طول مشبك الشعر حوالي _____ سنتيمترات.

ج. طول المفتاح حوالي _____ سنتيمترات.

د. طول الممحاة حوالي _____ سنتيمترات.

5. الممحاة أطول من _____، ولكنها أقصر من _____.

6. ضع دائرة حول الكلمة التي تجعل الجملة صحيحة.

إذا كانت مشبك الورق أقصر من المفتاح، فإن قلم الألوان **أطول/أقصر** مشبك الورق.

الاسم _____ التاريخ _____

1. ضع دائرة حول الكائن (الكائنات) التي تم قياسها بشكل صحيح.

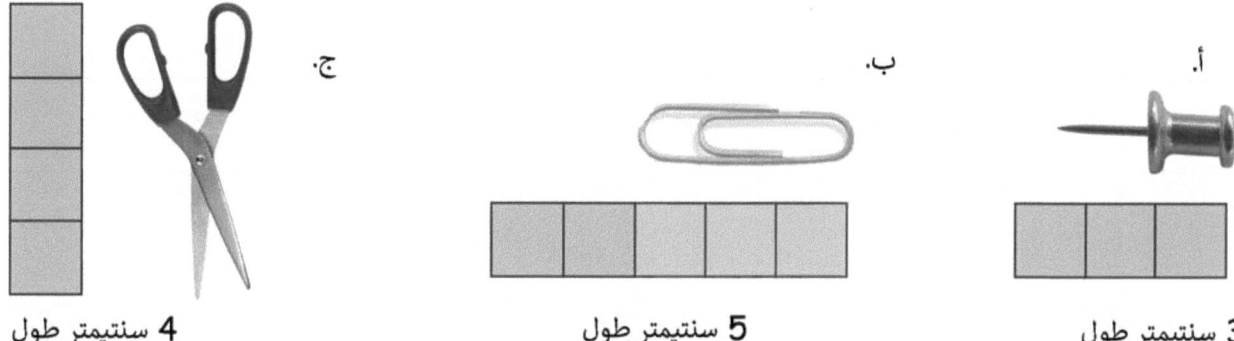

ج. 4 سنتيمتر طول         ب. 5 سنتيمتر طول         أ. 3 سنتيمتر طول

2. قس مشبك الورق في 1(b) باستخدام مكعباتك. بعد ذلك، تحقق من المكعبات مستخدمًا مسطرة السنتيمترات.

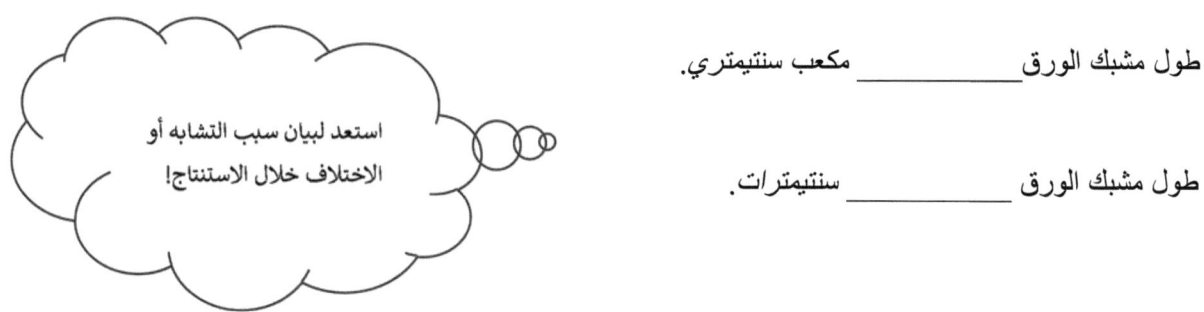

طول مشبك الورق _____ مكعب سنتيمتري.

طول مشبك الورق _____ سنتيمترات.

3. استخدم المكعبات السنتيمترية لقياس طول كل صورة من اليسار إلى اليمين. أكمل الجملة حول طول كل صورة بالسنتيمتر.

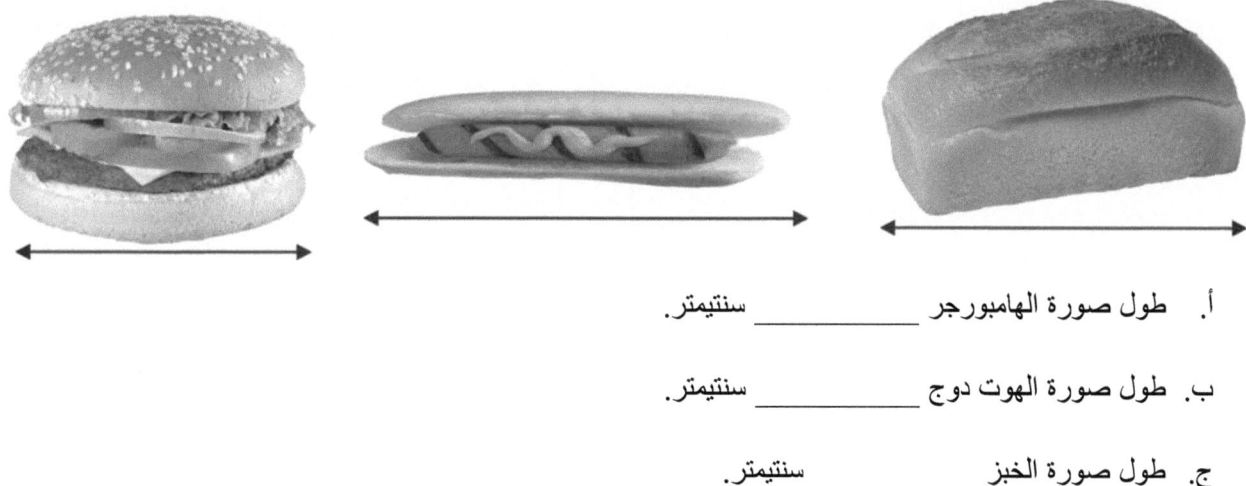

أ. طول صورة الهامبورجر _____ سنتيمتر.

ب. طول صورة الهوت دوج _____ سنتيمتر.

ج. طول صورة الخبز _____ سنتيمتر.

# 1•3

قصة الوحدات | الدرس 5 مسائل تطبيقية

## اكتب

_____

_____

_____

# اقرأ

استخدمت إيمي مكعب سنتيمتري لقياس طول كتابها.

استخدمت 8 مكعبات سنتيمترية صفراء و 4 مكعبات سنتيمترية حمراء.

كم مكعب سنتيمتري يبلغ طول كتابها؟

# ارسم

الاسم ______________________________ التاريخ ____________

| الكائنات في الفصل | الطول باستخدام المكعبات السنتيمترية |
|---|---|
| عصا الغراء | ________ مكعبًا سنتيمتريًا |
| قلم سبورة | ________ مكعبًا سنتيمتريًا |
| العود الخشبي | ________ مكعبًا سنتيمتريًا |
| مشبك ورق | ________ مكعبًا سنتيمتريًا |
| | ________ مكعبًا سنتيمتريًا |
| | ________ مكعبًا سنتيمتريًا |
| | ________ مكعبًا سنتيمتريًا |

ورقة تسجيل القياس

الاسم _____ التاريخ _____

1.

طول إطار الصورة حوالي _____ مكعب سنتيمتري.

2.

طول دعامة الولد حوالي _____ مكعب سنتيمتري.

9. طول ملصق البقرة _____ مكعب سنتيمتري.

10. طول إناء الزهر _____ مكعب سنتيمتري.

11. ضع دائرة حول الصورة التي توضح الطريقة الصحيحة للقياس.

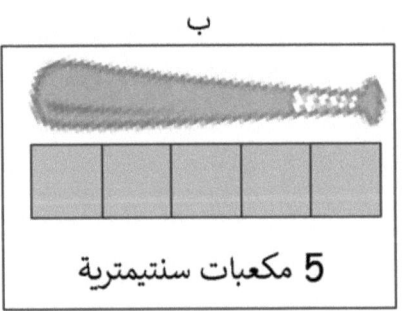

أ — 3 مكعبات سنتيمترية

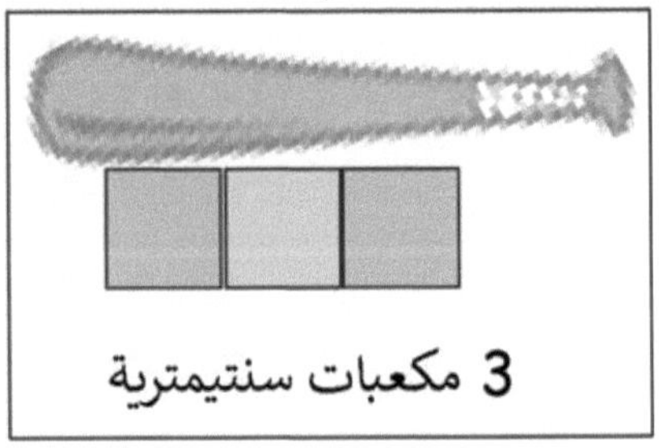

ب — 5 مكعبات سنتيمترية

12. كيف تصحح الصورة التي تظهر قياسًا غير صحيحًا؟

_____

_____

الاسم _____  التاريخ _____

قم بقياس طول كل صورة بمكعباتك. أكمل العبارات أسفله.

1. طول قلم الرصاص _____ مكعب سنتيمتري.

2. طول الوعاء _____ مكعب سنتيمتري.

3. طول الحذاء _____ مكعب سنتيمتري.

4. طول الزجاجة _____ مكعب سنتيمتري.

5. طول فرشاة الدهان _____ مكعب سنتيمتري.

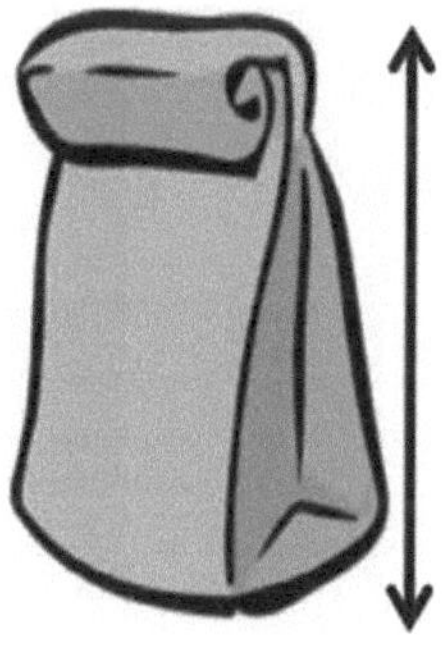

6. طول الحقيبة _____ مكعب سنتيمتري.

7. طول النملة _____ مكعب سنتيمتري.

8. طول الكب كيك _____ مكعب سنتيمتري.

# اكتب

_____

_____

_____

الدرس 4 مسائل تطبيقية 3•1

## اقرأ

مد جوي خيطًا من غرفته إلى غرفة شقيقته لقيسا المسافة بينهما. عندما حاول استخدام نفس الخيط لقياس المسافة من غرفته إلى غرفة شقيقه، لم يكمل الخيط المسافة! أي غرفة كانت الأقرب لغرفة جو، غرفة شقيقته أم غرفة شقيقه؟

## ارسم

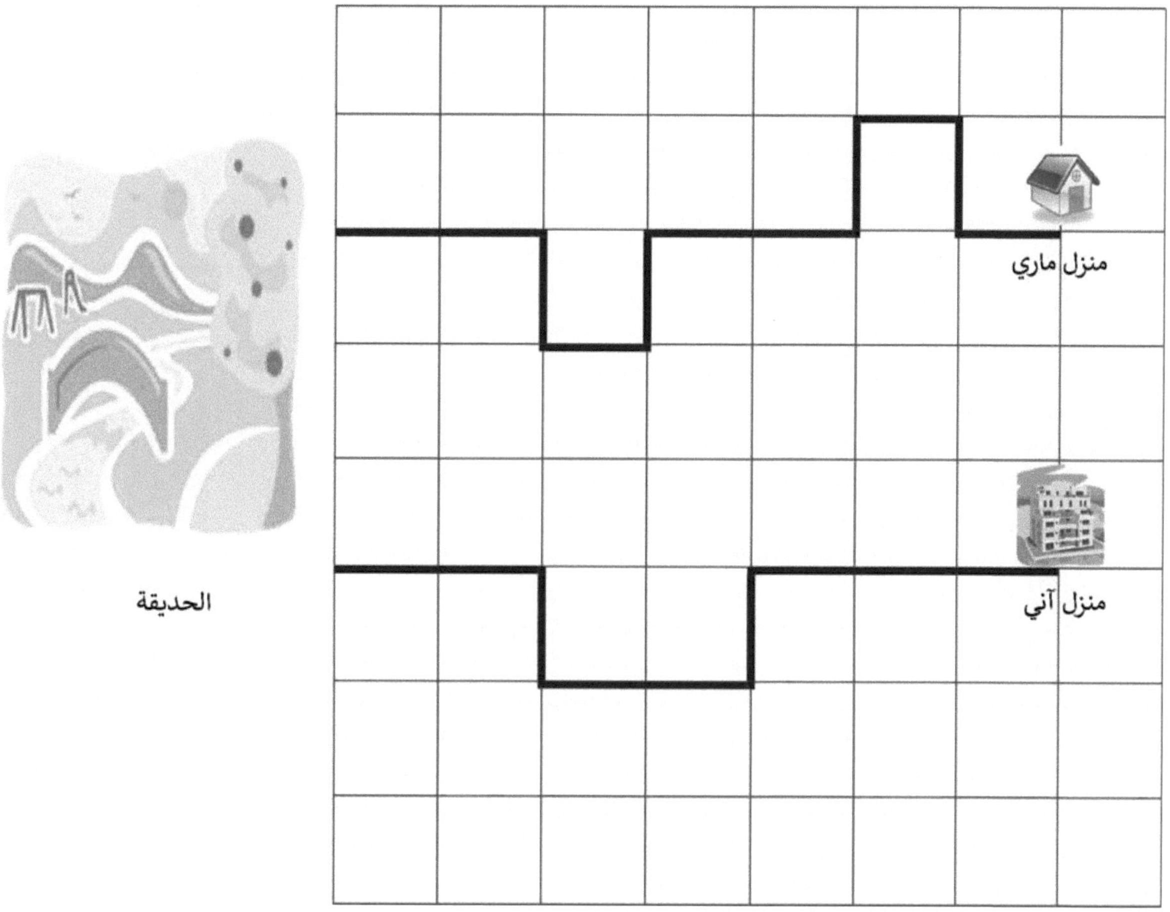

قصة الوحدات | الدرس 3 النموذج | 1•3

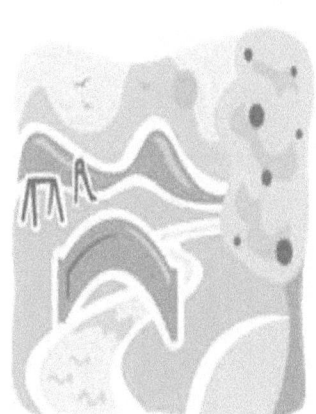

الحديقة

منزل ماري

منزل آني

شبكة بلوكات المدينة

الدرس 3: رتب ثلاثة أطوال باستخدام المقارنة غير المباشرة.

الاسم ________________________ التاريخ ______________

استخدم الصورة للإجابة على الأسئلة حول مسارات الطلاب إلى المتحف.

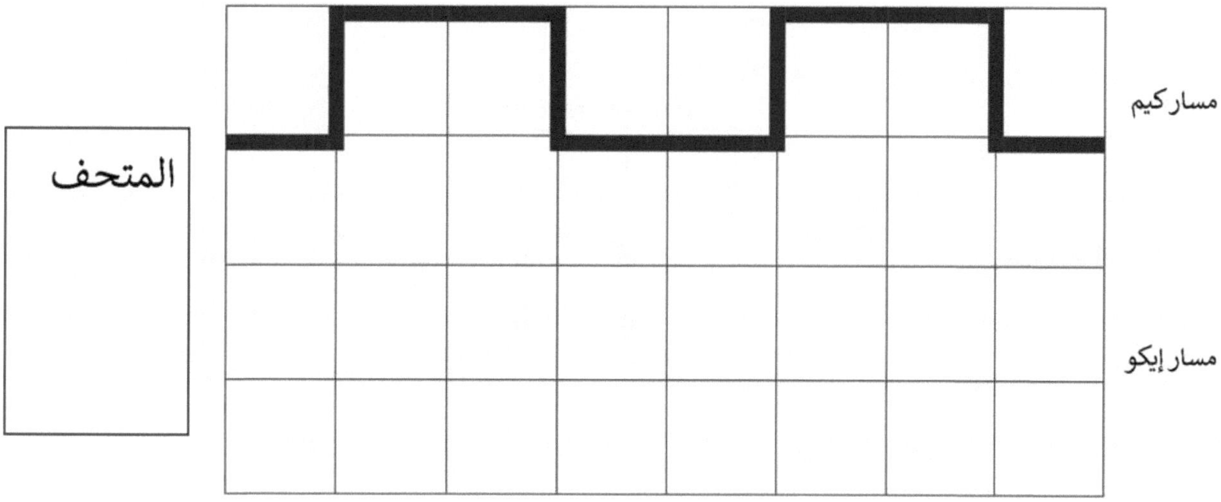

المتحف
مسار كيم
مسار إيكو

1. كم طول مسار كيم إلى المتحف؟ ________________ بلوكات

2. مسار إيكو أقصر من مسار كيم. ارسم مسار إيكو.

ضع دائرة حول الكلمة الصحيحة التي تجعل البيان صحيحًا.

3. مسار **كيم أطول/أقصر من** مسار إيكو.

4. كم طول مسار إيكو إلى المنحف؟ ________________ بلوكات

استخدم الصورة للإجابة على الأسئلة حول مسارات الطلاب صوب المدرسة.

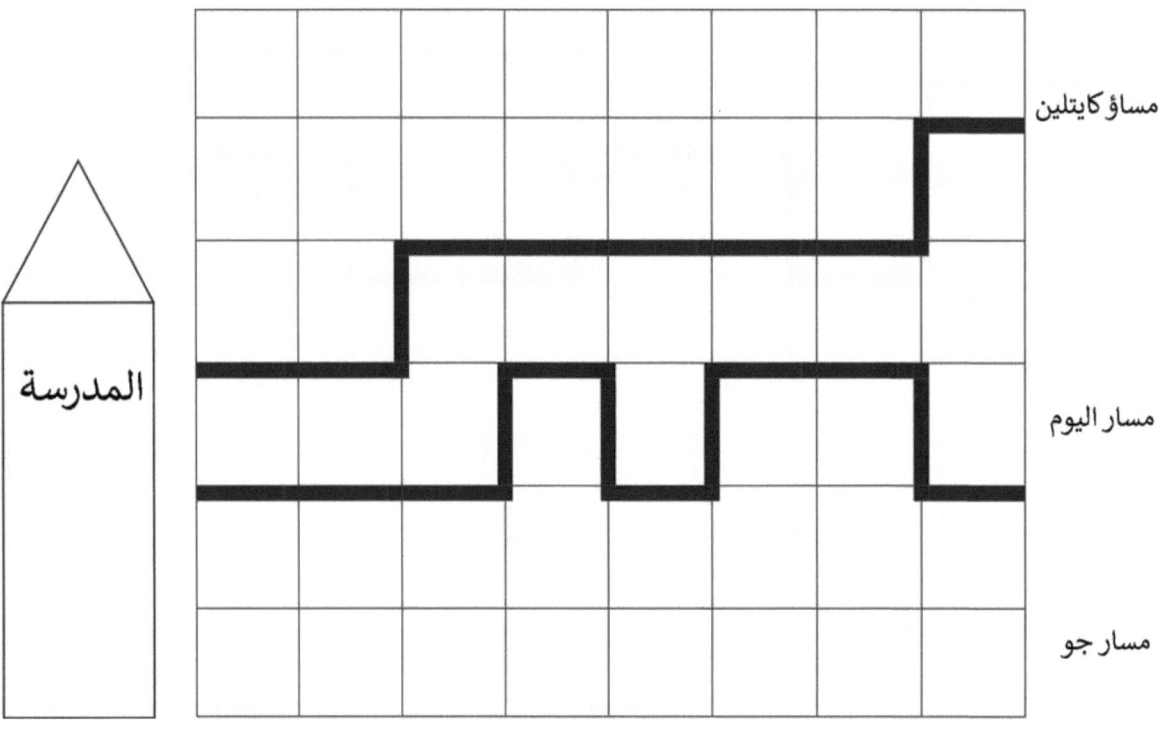

5. كم طول طريق كايتلين إلى المدرسة؟ _____ بلوكات

6. كم طول طريق توبي إلى المدرسة؟ _____ بلوكات

7. مسار جو أقصر من مسار كايتلين. ارسم مسار جو.

ضع دائرة حول الكلمة الصحيحة التي تجعل البيان صحيحًا.

8. مسار طوبي **أطول/أقصر** من مسار جو.

9. من اتخذ أقصر طريق إلى المدرسة؟ _____

10. رتب المسارات من الأقصر إلى الأطول.

_____  _____  _____

الاسم _____  التاريخ _____

1. في قاعة اللعب، قطعت لولو قطعة خيط تساوي قياس المسافة من بيت الدمية إلى الحديقة. أخذت نفس قطعة الخيط وحاولت قياس المسافة بين الحديقة والمتجر، ولكن الخيط نفد منها!

أيهما المسار الأطول؟ ضع دائرة حول إجابتك.

**بيت الدمية إلى الحديقة**

**الحديقة إلى المتجر**

استخدم الصورة للإجابة على الأسئلة حول المستطيلات.

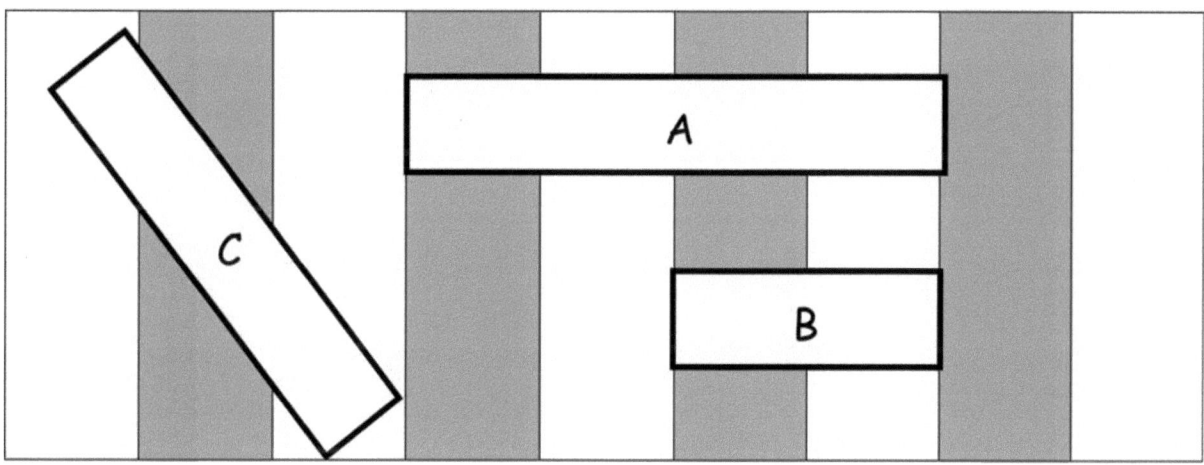

2. ما هو أقصر مستطيل؟ _____

3. إذا كان المستطيل أ أطول من المستطيل ج، يكون المستطيل الأطول هو _____

4. رتب المستطيلات من الأقصر إلى الأطول.

_____  _____  _____

# اكتب

# 1∙3

## قصة الوحدات — الدرس 3 مسائل تطبيقية

## اقرأ

ارسم صورة واحدة لمطابقة كلتا الجملتين:

الكتاب أطول من بطاقة الفهرس. الكتاب أقصر من المجلد.

أيهما أطول، بطاقة الفهرس أم المجلد؟ اكتب عبارة تقارن كلا الكائنين. استخدم رسوماتك لمساعدتك في إجابة الأسئلة.

## ارسم

إذا كان _____ أطول من قدمي
(شيئ في الفصل)

و _____ أقصر من قدمي،
(شيئ في الفصل)

فإن _____ أطول من
(شيئ في الفصل)

_____ .
(شيئ في الفصل)

قدمي تساوي نفس طول _____ .
(شيئ في الفصل)

عبارات مقارنة غير مباشرة

الاسم _____ التاريخ _____

ارسم صورة لمساعدتك في إكمال بيان القياس. ضع دائرة حول الكلمات التي تجعل كل بيان صحيح.

دمية تانيا أقصر من دمية ألين.
دمية ميرا أطول من دمية ألين.
دمية تانيا (**أطول من/أقصر من**) دمية ميرا.

ارسم صورة لمساعدتك في إكمال بيان القياس. ضع دائرة حول الكلمات التي تجعل كل بيان صحيح.

7. سامي أطول من ديون.
جانيل أطول من سامي.
ديون **(أطول/أقصر من)** جانيل.

8. سوار لاورا أطول من سوار ميحال
سوار لاورا أقصر من سوار ساراي.
سوار ساراي **(أطول/أقصر من)** سوار ميحال.

EUREKA MATH

2. أكمل الجمل الأطول والأقصر والمساوية في الطول لجعل الجمل صحيحة.

أ.

الأنبوب من _____ الكأس.

ب.

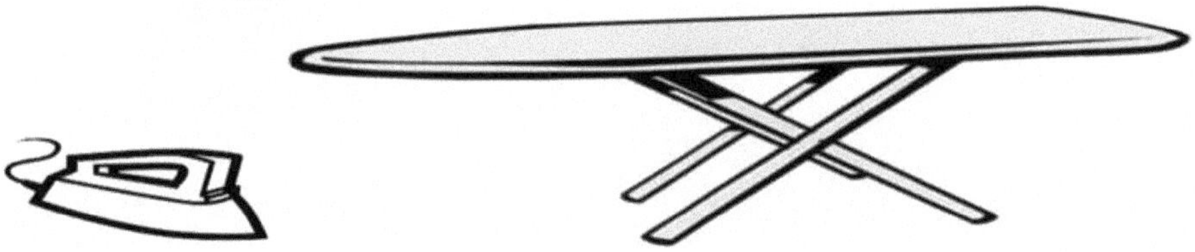

المكواة من _____ لوح المكوى.

استخدم القياسات من المسائل 1 و 2. ضع دائرة حول الكلمة التي تجعل الجمل صحيحة.

3. مضرب كرة البيسبول (أطول/ أقصر) من الكأس.

4. الكأس (أطول/ أقصر) من مضرب كرة البيسبول.

5. لوح المكواة (أطول/أقصر) من الكتاب.

6. رتب الكائنات من الأقصر إلى الأطول.

الكأس، والأنبوب، والشريط الورقي

_____   _____   _____

الدرس 2 مجموعة مسائل 3•1
قصة الوحدات

الاسم ____________________ التاريخ ____________

1. **استخدم الشريط الورقي الذي قدّمه معلمك لقياس كل صورة.** ضع دائرة حول الاشياء التي تحتاجها لجعل الجملة صحيحة. ثم، املأها في المكان الفارغ.

مضرب السلة

| |
|---|
| أطول من<br>أقصر من يساوي<br>نفس طول |

شريط الورق.

الكتاب

| |
|---|
| أطول من<br>أقصر من يساوي<br>نفس طول |

شريط الورق.

مضرب البيسبول is ______________________ من الكتاب.

الدرس 2: قارن الطول باستخدام المقارنة غير المباشرة من خلال إيجاد اشياء أطول من، وأقصر من، وتساوي في الطول طول السلسلة.

3•1 الدرس 2 مسائل تطبيقية قصة الوحدات

**اكتب**

190 الدرس 2: قارن الطول باستخدام المقارنة غير المباشرة من خلال إيجاد اشياء أطول من، وأقصر من، وتساوي في الطول طول السلسلة.

# اقرأ

جوردان لديه 3 حيوانات محشوة: زرافة ودب وقرد. الزرافة أطول من القرد. الدب أقصر من القرد. ارسم الحيوانات من الأقصر إلى الأطول لإظهار كم يبلغ طول كل حيوان.

# ارسم

# 1 ∙ 3

قصة الوحدات    الدرس 1 تذكرة الخروج

الاسم _____    التاريخ _____

اكتب الكلمات الأطول والأقصر من لجعل الجملة صحيحة.

A

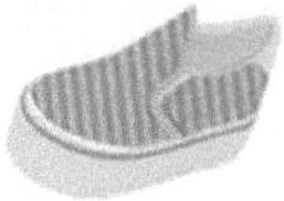

B

الحذاء A _____ من الحذاء B.

الدرس 1: قارن الطول مباشرةً وفكر في أهمية محاذاة نقاط النهاية.

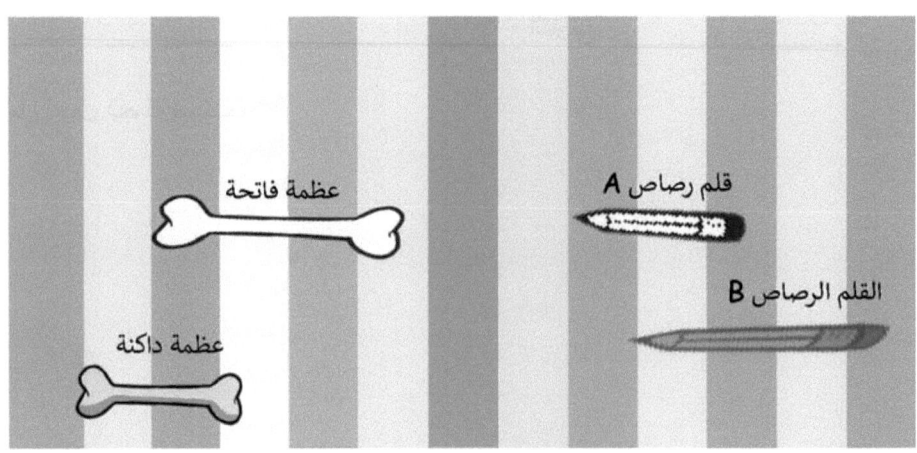

6. القلم الرصاص B _____ من القلم الرصاص A.

7. العظمة الداكنة _____ من العظمة الفاتحة.

8. ضع دائرة حول صح أم خطأ.
   العظمة الخفيفة أقصر من القلم الرصاصي أ.  **صح**   **أم خطأ**

9. ابحث عن 3 لوازم مدرسية. ارسمهم هنا **بالترتيب من الأقصر إلى الأطول**. عنوّن كل من لوازم المدرسة.

الاسم ______________________ التاريخ ____________

اكتب الكلمات الأطول والأقصر من لجعل الجمل صحيحة.

.1

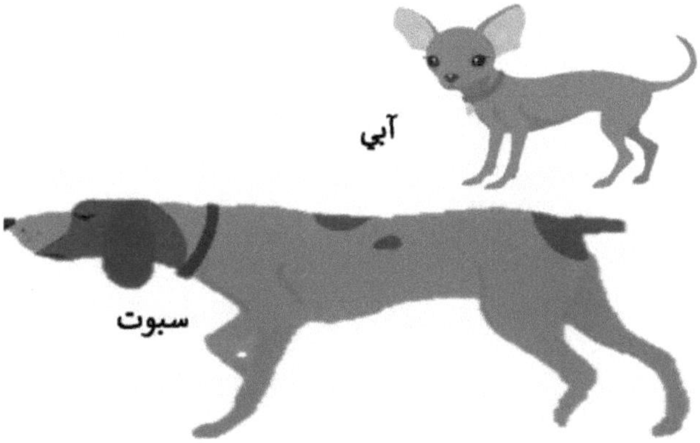

آبي ____________ من سبوت.

.2

B ____________________ من A.

.3

قبعة علم أمريكا

______________________________

من قبعة الشيف

.4

جناح الخفاش الأكثر قتامة

من ______________________________

جناح الخفاش الفاتح.

.5

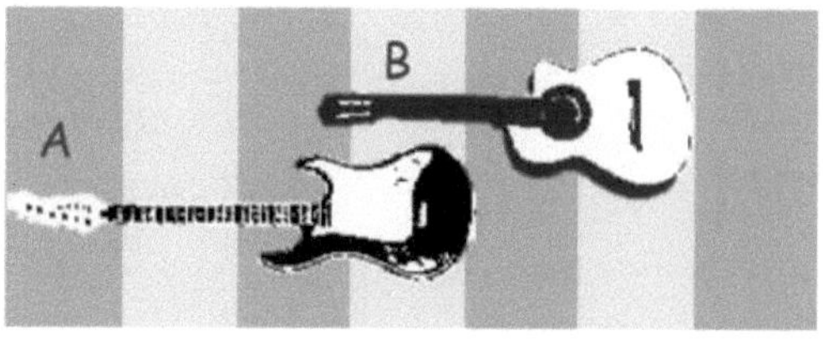

الجيتار ب

______________________________

من الجيتار أ.

# اكتب

# 1∙3

## اقرأ

لدى كل من نيجل وكوري أقلام رصاص جديدة متساوية الطول. يستخدم كوري قلمه الرصاص كثيرًا جدًا لدرجة أنه يحتاج إلى بريه عدة مرات. لم يستخدم نيجل قلمه إطلاقًا. يقارن نيجل وكوري أقلامهم الرصاص. قلم من الأطول؟ ارسم صورة لعرض فكرتك.

## ارسم

الصف 1

الوحدة 3

الاسم _____  التاريخ _____

حل المسائل. اكتب إجاباتك لإظهار العدد **عشرات** و **منها**.

$$\boxed{1\ 2} - 5 = 7$$
$$10 - 5 = 5$$
$$5 + 2 = 7$$

1. ___ = 6 - $\boxed{5\ 1}$

___ = ___ - ___

___ = ___ + ___

2. ___ = 8 - $\boxed{4\ 1}$

___ = ___ - ___

___ = ___ + ___

الدرس 29: حل مشاكل الطرح باستخدام عشرة كوحدة، واكتب خطوتين حلول.

5. بعض الأطفال على ملعب اللعب. ثمانية على أراجيح. إذا كان هناك 16 طفلاً في الملعب ، فكم عدد الأطفال الذين يلعبون البطاقات؟

_____ = _____ - _____

_____ = _____ + _____

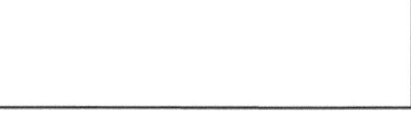

6. قرأ عزيا بعض الكتب الواقعية. ثم قرأ 6 كتب خيالية. إذا قرأ 18 كتابًا تمامًا ، فكم عدد الكتب الواقعية التي قرأها عزيا؟

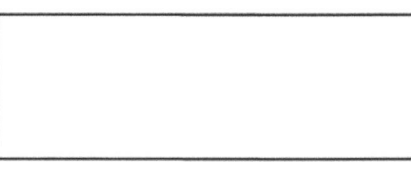

7. هادلي لديها 9 أزرار على سترتها. لديها المزيد من الأزرار على قميصها. هادلي لديها ما مجموعه 17 زرًا على سترتها وقميصها. كم عدد الأزرار التي تملكها على قميصها؟

الاسم _____  التاريخ _____

حل المسائل. اكتب إجاباتك لإظهار العدد **عشرات** و **منها**. اعرض الحل الخاص بك في خطوتين:

الخطوة 1: اكتب جملة واحدة للطرح من عشرة.
الخطوة 2: اكتب جملة رقم واحدة لإضافة الأجزاء المتبقية.

```
| 1 | 2 | - 4 = 8
10 - 4 = 6
6 + 2 = 8
```

1. ___ = 5 - | 4 | 1 |

   ___ = ___ - ___
   ___ = ___ + ___

2. ___ = 8 - | 3 | 1 |

   ___ = ___ - ___
   ___ = ___ + ___

3. عد تاتيانا 14 ضفدعًا. كانت تحسب 8 سباحة في البركة والباقي يجلس على فوط الزنبق. كم عدد الضفادع التي تحسبها جالسة على منصات الزنبق؟

   14 - 8 = ___

   ___ = ___ - ___
   ___ = ___ + ___

4. تناولت ماريا هذا الأسبوع 5 برقوق أصفر وبعض البرقوق الأحمر. إذا أكلت 11 حبة برقوق على الإطلاق ، فكم عدد البرقوق الأحمر الذي تناولته ماريا؟

   ___ = ___ - ___
   ___ = ___ + ___

# اكتب

_____

_____

_____

الاسم _____ التاريخ _____

حل المسائل. اكتب إجاباتك لإظهار العدد **عشرات** و **منها**.

$9 + 7 = \boxed{1}\boxed{6}$

$9 + 1 = 10$
$10 + 6 = 16$

1. $\boxed{\phantom{00}} = 4 + 9$

___ = ___ + ___

___ = ___ + ___

2. $\boxed{\phantom{00}} = 7 + 8$

___ = ___ + ___

___ = ___ + ___

5. في الحديقة، كان هناك 4 بطات تسبح في البركة. إذا كان هناك 9 بطًا مستريحًا على العشب ، فكم عدد البط في الحديقة بشكل عام؟

_____ = _____ + _____

_____ = _____ + _____

6. صنع Cece 7 ملفات تعريف الارتباط بلوري و 8 ملفات تعريف الارتباط مع الرشات. كم عدد ملفات تعريف الارتباط التي صنعها Cece؟

7. قرأ بايتون 8 كتب عن الدلافين والحيتان. قرأت 9 كتب عن الكلاب والقطط. كم عدد الكتب التي قرأتها عن الحيوانات تمامًا؟

الاسم _____     التاريخ _____

حل المسائل. اعرض الحل الخاص بك في خطوتين:

الخطوة 1: اكتب جملة رقمية واحدة لتكوين عشرة.
الخطوة 2: اكتب جملة رقمية واحدة لإضافتها إلى عشرة.

$9 + 4 = \boxed{1}\ \boxed{3}$

$9 + 1 = 10$
$10 + 3 = 13$

1. ☐☐ = 5 + 9

___ = ___ + ___

___ = ___ + ___

2. ☐☐ = 6 + 8

___ = ___ + ___

___ = ___ + ___

حل. ثم اكتب بيانًا لإظهار إجابتك.

3. قام سو-هين بوضع ملصقة مع 9 صور. قام أديل بتجميع ملصقة أخرى مع 6 صور. كم عدد الصور التي استخدموها؟

$\underline{\ 9\ } + \underline{\ 6\ } = \underline{\ \ \ }$

___ = ___ + ___

___ = ___ + ___

4. لدى عمران 8 أقلام تلوين في مقلمة و7 أقلام تلوين في مكتبه. كم عدد أقلام التلوين التي يمتلكها عمران ككل؟

___ = ___ + ___

___ = ___ + ___

اكتب

_____

_____

_____

# 1•2

## الدرس 28 مسألة تطبيقية

## اقرأ

لدى روبن 7 سيارات زرقاء و6 سيارات حمراء. إذا وضع روبن جميع السيارات الزرقاء في حاملة سياراته التي تحمل 10 سيارات، فكم عدد السيارات الحمراء التي ستتناسب الحاملة، وكم سيبقى خارج الحاملة؟

## ارسم

قصة الوحدات
الدرس 27 تذكرة الخروج 1•2

الاسم ____________________ التاريخ ____________

حل المسائل. اكتب الإجابات التي تعرض عدد العشرات والآحاد.
إذا كان هناك عشرة واحدة فقط، فاشطب "s".

1. $13 + 6 = \square\square$

_____ عشرات و _____ آحاد

2. $7 + 6 = \square\square$

_____ عشرات و _____ آحاد

**اقرأ** مسألة الكلمة. **ارسم** وحدد. **اكتب** جملة رقمية وبيان يطابقان القصة. أعد كتابة إجابتك لعرض العشرات والآحاد.

3. ذهب كندريك للعب البولينج. أوقع 16 دبوسًا في أول إطارين.

إذا ركل 9 في الإطار الأول، كم عدد الدبابيس التي سقطت في الإطار الثاني؟

_____ عشرات و _____ آحاد

الدرس 27: حل مشاكل الجمع والطرح المتحللة والتكوين أرقام المراهقين مثل 1 عشرة وبعضها.

**اقرأ** مسألة الكلمة. **ارسم** وحدد. **اكتب** جملة رقمية وبيان يطابقان القصة.
أعد كتابة إجابتك لعرض العشرات والآحاد.
إذا كان هناك 1 عشرة فقط أو 1 آحاد، فاشطب على "s."

9. صنع فرانكي ومايا 4 قلاع رملية كبيرة على الشاطئ. إذا قاموا بصنع 10 قلاع رملية صغيرة، فكم يبلغ إجمالي عدد القلاع الرملية التي صنعوها؟

_____ عشرات و _____ آحاد

10. لدى روني 8 ملصقات من النجوم. صديقتها سينا تعطيها 7 أخرى. كم عدد الملصقات التي تمتلكها روني الآن؟

_____ عشرات و _____ آحاد

11. لقد ربطنا 14 بالونة على الطاولات لحفلة، لكن 3 طارت بعيدًا! كم عدد البالونات التي لا تزال مربوطة بالطاولات؟

_____ عشرات و _____ آحاد

12. أكلت 5 من الفراولة الـ 16 التي اقتطفتها. كم العدد الذي تركته منها؟

_____ عشرات و _____ آحاد

الاسم ________________ التاريخ ____________

حل المسائل. **اكتب الإجابات التي تعرض عدد العشرات والآحاد**. إذا كان هناك 1 عشرة فقط، فاشطب على "s."

إضافة.

.1

$\square = 6 + 12$

______ عشرات و منها ______

.2

$\square = 13 + 5$

______ عشرات و منها ______

.3

$\square = 7 + 8$

______ عشرات و منها ______

ذ.4

$12 + 8 = \square$

______ عشرات و منها ______

اطرح.

.5

$\square = 4 - 17$

______ عشرات و ______ منها

.6

$\square = 17\text{-}5$

______ عشرات و ______ منها

.7

$\square = 14\text{-}6$

______ عشرات و ______ منها

.8

$7 - 16 = \square$

______ عشرات و ______ منها

# اكتب


EUREKA MATH

# اقرأ

كان روبن يضع 14 لعبة سيارات بعيدًا. ملأ حاملة سياراته وبقي 4 سيارات لا يمكن استيعابها. كم عدد السيارات التي تناسب حاملة سياراته؟

# ارسم

الاسم _____   التاريخ _____

قم بمطابقة صور العشرات والآحاد ببطاقات Hide Zero. كم عدد العشرات والآحاد؟

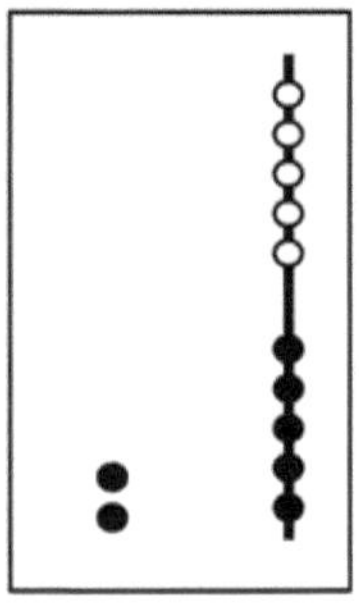

بالضبط مثل _____

_____ عشرة و _____ منها.

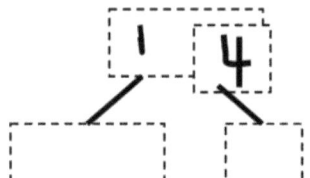

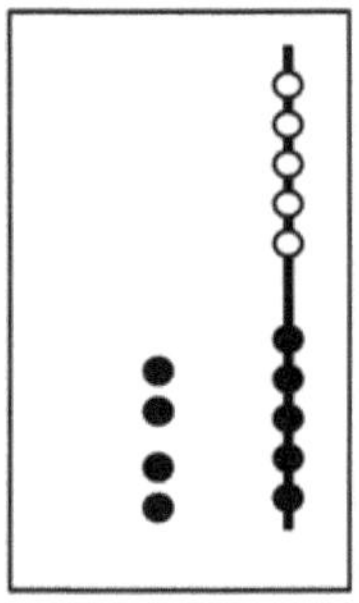

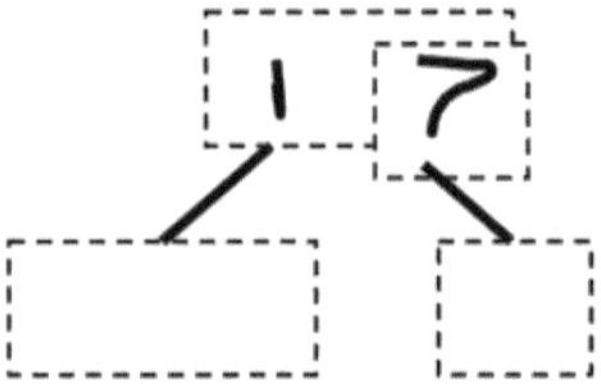

بالضبط مثل _____

_____ عشرة و _____ منها.

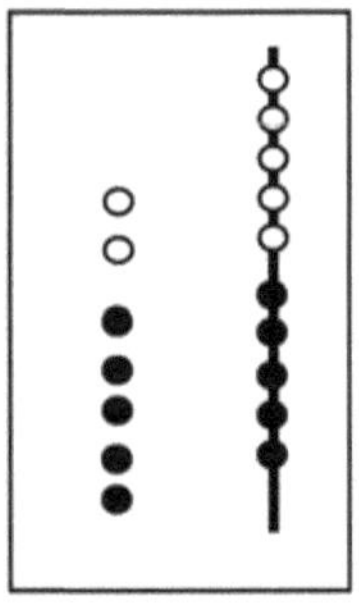

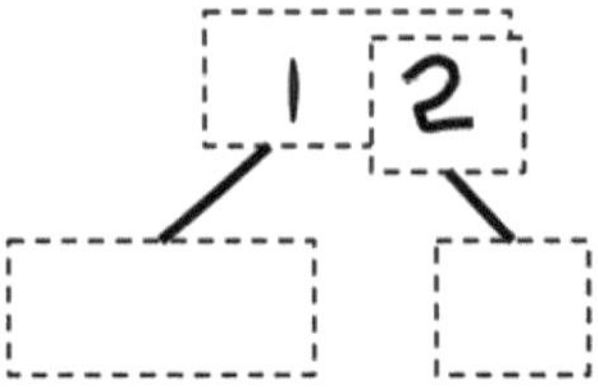

بالضبط مثل _____

_____ عشرة و _____ منها.

اعرض الإجمالي والعشرات والآحاد باستخدام بطاقات Hide Zero.
**اكتب عدد العشرات والآحاد.**

.6
بالضبط مثل ______

عشرة و ______ منها.

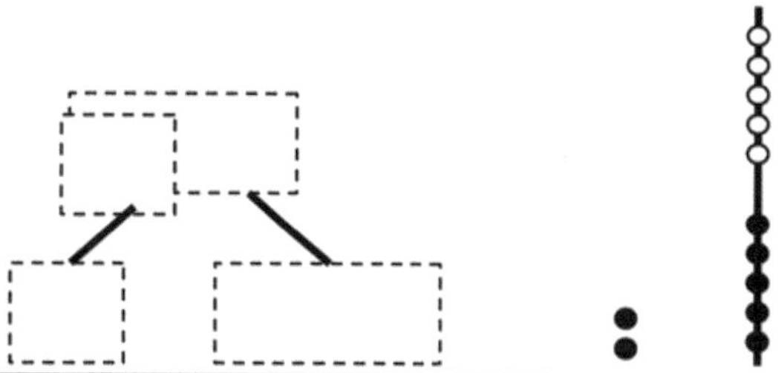

.7
بالضبط مثل ______

عشرة و ______ منها.

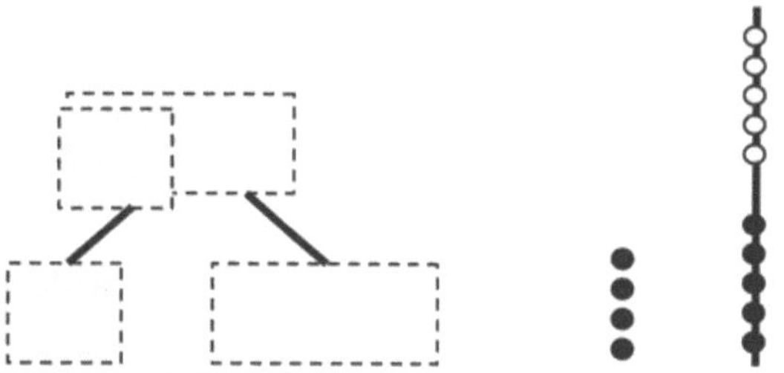

.8
بالضبط مثل ______

منها و ______ عشرة.

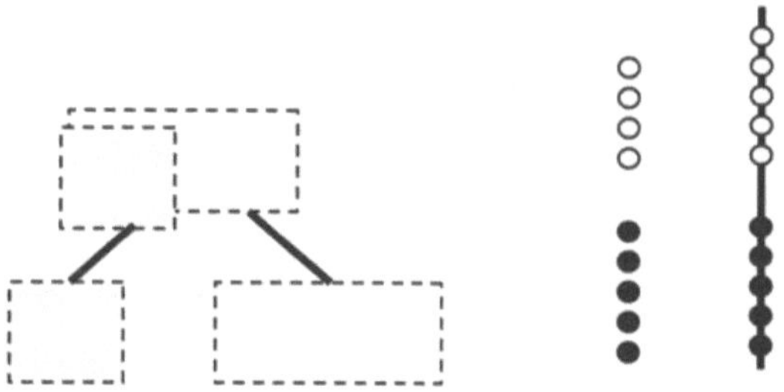

ارسم الدوائر على أنها عشرة وآحاد أخرى. **كم عدد العشرات والآحاد؟**

.9
بالضبط مثل ______

عشرة و ______ منها.

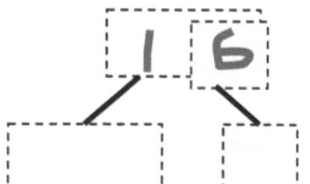

.10
______ عشرة و ______ آحاد

______ عشرة و ______ آحاد

EUREKA MATH

الدرس 26 مجموعة المسائل

الاسم _____ التاريخ _____

ارسم دائرة عشرة. اكتب الرقم. كم عدد العشرات والآحاد؟

1.

☐  بالضبط مثل _____

عشرة و _____ منها.

2.

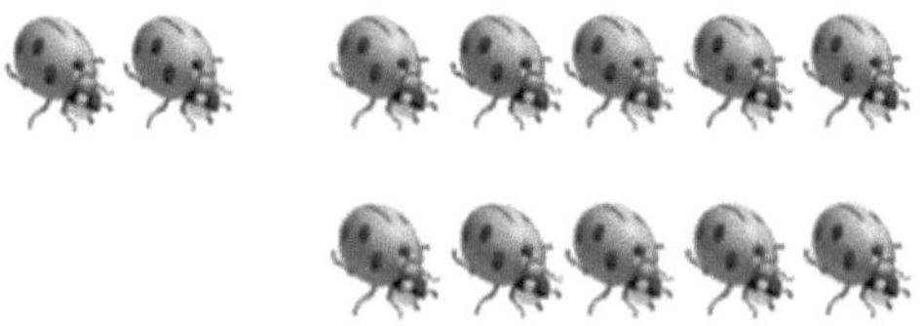

☐  بالضبط مثل _____

عشرة و _____ منها.

3.

☐  بالضبط مثل _____

منها و _____ عشرة.

4.

☐  بالضبط مثل _____

عشرة و _____ منها.

5.

☐  بالضبط مثل _____

عشرة و _____ منها.

# اكتب

# 2•1

## الدرس 26 مسألة تطبيقية

### اقرأ

يمتلك روبن 18 لعبة سيارات. حاملة سيارته تحمل 10 سيارات لعبة. إذا كانت حاملة روبن ممتلئة، فكم عدد السيارات الموجودة في الحاملة، وكم عدد السيارات الموجودة خارج الحاملة؟

### ارسم

الاسم _____ التاريخ _____

يتم منحك بطاقات التعبير الجديدة هذه. اكتب تعبيرات مطابقة لتكوين الجمل الرقمية الصحيحة.

| 15 + 2 | 2 - 19 | 7 - 12 | 9 + 8 |

| 4 + 1 | 9 - 14 | 7 + 10 | 2 + 3 |

☐ = ☐

☐ = ☐

☐ = ☐

☐ = ☐

6. اكتب جملة رقم حقيقية باستخدام التعبيرات التي تركتها. استخدم الصور والكلمات لتوضيح كيف تعرف أن اثنين من التعبيرات لهما نفس الأرقام غير المعروفة.

7. استخدم حقائق أخرى تعرفها لكتابة جملتين حقيقيتين على الأقل تشبه النوع أعلاه.

8. الجمل الرقمية التالية للجمع خاطئة. قم بتغيير رقم واحد في كل مسألة لإنشاء جملة رقمية صحيحة، وأعد كتابة الجملة الرقمية.

أ. $2 + 10 = 5 + 8$ ____________________

ب. $5 + 8 = 3 + 9$ ____________________

ج. $5 + 7 = 3 + 10$ ____________________

9. الجمل الرقمية التالية للطرح خاطئة. قم بتغيير رقم واحد في كل مسألة لإنشاء جملة رقمية صحيحة، وأعد كتابة الجملة الرقمية.

أ. $2 + 1 = 8 - 12$ ____________________

ب. $4 + 1 = 9 - 13$ ____________________

ج. $9 - 14 = 3 + 1$ ____________________

الاسم _____ التاريخ _____

استخدم بطاقات التعبير للعب الذاكرة. اكتب التعبيرات المطابقة لتكوين الجمل الرقمية الحقيقية.

1. ☐ = ☐

2. ☐ = ☐

3. ☐ = ☐

4. ☐ = ☐

5. ☐ = ☐

# اكتب

## اقرأ

كان لدى ميخا 16 شاحنة وفقد 9 منها. كان لدى تشارلز شاحنة واحدة وتلقى 6 شاحنات أخرى من والدته. من لديه عدد أكبر من الشاحنات، ميخا أم تشارلز؟

## ارسم

الاسم _____ التاريخ _____

**اقرأ** مسألة الكلمة.

**ارسم** وحدد.

**اكتب** الجملة الرقمية والبيان التي تطابق القصة.

كان هناك 18 كلبًا ينتشرون في بركة. غادر بعض الكلاب. لا يزال هناك 9 كلاب منتشرة في البركة. كم عدد الكلاب المتبقية؟

3. كان لدى مولي 16 كتابًا. أقرضت البعض لجيا. كم عدد الكتب التي استعارها جيا إذا كان لدى مولي 8 كتب متبقية؟

4. كان هناك 18 ماعزًا رضيعًا يلعبون في الخارج. ذهب البعض إلى الحظيرة. بقي تسعة في الخارج للعب. كم عدد الماعز الصغير الذي دخل؟

التق مع شريك وشارك رسوماتك وجملك. تحدث مع شريكك حول كيفية سرد الرسم للقصة.

الاسم _____ التاريخ _____

اقرأ مسألة الكلمة.

ارسم وحدد.

اكتب الجملة الرقمية والبيان التي تطابق القصة.

1. يرى خوسيه 11 ضفدعًا على الشاطئ. بعض الضفادع تقفز في الماء. الآن، هناك 8 ضفادع على الشاطئ. كم عدد الضفادع التي قفزت في الماء؟

2. يعطي كاميرون بعض تفاحاته لأخته. لا يزال لديه 9 تفاحات متبقية. إذا كان لديه 15 تفاحة في البداية، فكم عدد التفاحات التي أعطاها لأخته؟

# اكتب

_____

_____

_____

**الدرس 24:** ضع إستراتيجية لحل الطرح مع مسائل التغيير غير المعروفة.

# اقرأ

بالأمس، رأيت 11 طائرًا على فرع. انضمت إليهم ثلاثة طيور على الفرع. كم عدد الطيور في الفرع إذن؟

# ارسم

# الدرس 23 تذكرة خروج

الاسم _____  التاريخ _____

**اقرأ** مسألة الكلمة.

**ارسم** وحدد.

**اكتب** الجملة الرقمية والبيان التي تطابق القصة.

أكلت شانيكا 7 معجنات صغيرة في الصباح. أكلت بقية المعجنات الصغيرة بعد الظهر. أكلت 13 قطعة من المعجنات الصغيرة ككل في ذلك اليوم. كم عدد المعجنات الصغيرة التي تناولتها شانيكا بعد الظهر؟

3. كان هناك 8 خنافس على فرع. جاء المزيد. ثم، كان هناك 15 خنفساء على الفرع. كم عدد الخنافس جاء؟

4. أعطى صديق لماركو بعض بطاقات البيسبول في المدرسة. إذا حصل بالفعل على 9 بطاقات بيسبول من قبل عائلته، ولديه الآن 19 بطاقة في المجموع، فكم عدد بطاقات البيسبول التي حصل عليها في المدرسة؟

التق مع شريك وشارك رسوماتك وجملك. تحدث مع شريكك عن كيفية تطابق الرسم مع القصة.

قصة الوحدات الدرس 23 مجموعة المسائل 2•1

الاسم _____ التاريخ _____

**اقرأ** مسألة الكلمة.
**ارسم** وحدد.
**اكتب** الجملة الرقمية والبيان التي تطابق القصة.

1. قرأت جانيت 8 كتب خلال الأسبوع. قرأت المزيد من الكتب في عطلة نهاية الأسبوع. قرأت 12 كتابًا ككل. كم عدد الكتب التي قرأتها جانيت في عطلة نهاية الأسبوع؟

2. سجل اريك 13 هدفًا هذا الموسم! سجل 5 أهداف قبل التصفيات. كم عدد الأهداف التي سجلها اريك خلال التصفيات؟

اكتب

## اقرأ

في الصباح، كانت هناك 8 أوراق على الأرض تحت شجرة اللبخ.

خلال النهار، سقطت المزيد من الأوراق على الأرض. الآن، هناك 13 ورقة على الأرض. كم عدد الأوراق التي سقطت خلال النهار؟

## ارسم

قصة الوحدات     الدرس 22 تذكرة خروج     2•1

الاسم _____    التاريخ _____

**اقرأ** مسألة الكلمة.

**ارسم** وحدد.

**اكتب** الجملة الرقمية والبيان التي تطابق القصة.

تذكر أن ترسم مربعًا حول الحل في الجملة العددية.

1. بعض الطلاب في فصل السيدة سيبي مشاة. هناك 17 طالبًا في فصلها ككل. إذا كان 8 طلاب يركبون الحافلة، فكم عدد الطلاب المشاة؟

2. لقد خبزت 13 رغيف خبز لحفلة. البعض احترق، لذا رميتهم. أحضرت الثمانية المتبقية إلى الحفلة. كم عدد أرغفة الخبز المحروقة؟

الدرس 22: قم بالحل/التحليل مع مسائل الكلمات غير المعروفة للإضافة، واربط العد باستراتيجية الطرح من عشرة.

3. يوجد بعض الأطفال في الملعب. ثمانية منهم يتأرجحون، والباقي يلعبون البطاقات. هناك 15 طفلاً. كم عدد الأطفال الذين يلعبون لعبة اللمس (الغُميضة)؟

4. قرأ عزيا بعض الكتب غير الروائية. ثم قرأ 7 كتب خيالية. إذا قرأ 16 كتابًا تمامًا، فكم عدد الكتب غير الخيالية التي قرأها عزيا؟

التق مع شريك وشارك رسوماتك وجملك.
تحدث مع شريكك عن كيفية تطابق الرسم مع القصة.

الاسم ____________________ التاريخ ____________

**اقرأ** مسألة الكلمة.

**ارسم** وحدد.

**اكتب** الجملة الرقمية والبيان التي تطابق القصة.

1. تناولت ماريا هذا الأسبوع 5 حبات برقوق أصفر وبعض البرقوق الأحمر. إذا أكلت 11 حبة برقوق على الإطلاق، فكم عدد البرقوق الأحمر الذي تناولته ماريا؟

2. دت تاتيانا 14 ضفدعًا. كانت تحسب 8 ضفادع يسبحون في البركة والباقي يجلس على لوحات الزنبق. كم عدد الضفادع التي تحسبها جالسة على لوحات الزنبق؟

الاسم _____ التاريخ _____

| الاستراتيجيات: |
|---|
| ■ خذ من 10 |
| ■ اصنع 10 |
| ■ اعتمد على |
| ■ لقد عرفت للتو |

يعتقد ميغ أن استخدام استراتيجية من عشرة هو أفضل طريقة ل حل مشكلة الكلمة التالية. يعتقد بيل أن حل المشكلة مشكلة استخدام الاعتماد على الاستراتيجية هي طريقة أفضل. حل كلاهما الطرق ، وشرح الاستراتيجية التي تعتقد أنها الأفضل.

لدى مايك وسالي 6 قطط. لديهم 14 الحيوانات الأليفة في المجموع. كيف العديد من الحيوانات الأليفة لديهم ذلك ليس قطط؟

| إستراتيجية بيل | إستراتيجية ميج |
|---|---|
| | |

أعتقد _____ الاستراتيجية هي الأفضل لأن _____

_____

• _____

حل بنفسك. أظهر تفكيرك بالرسم أو الكتابة. اكتب بيانا للإجابة على السؤال.

3. كان هناك 12 بسكويت سكر في الصندوق. أكلنا أنا وصديقي 5 منهم. كم عدد ملفات تعريف الارتباط المتبقية في الصندوق؟

4. قامت ميغان بسحب 17 كتابًا من المكتبة. قرأت 9 منهم. كم بقي لديها لقراءة؟

عند الانتهاء ، شارك حلولك مع شريك. كيف قام شريكك بحل كل مشكلة؟ كن مستعدًا لمشاركة كيفية حل شريكك للمشكلة.

الاسم ____________________ التاريخ ____________

كان هناك 16 كلبًا يلعبون في الحديقة. عاد سبعة من الكلاب إلى منازلهم.
كم عدد الكلاب التي لا تزال في الحديقة؟

1. ضع دائرة حول كل عمل الطالب الذي يطابق القصة بشكل صحيح.

.a

16-7 =9
10 6

.b

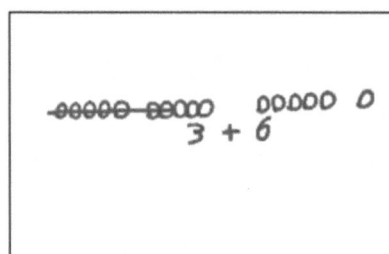

.c

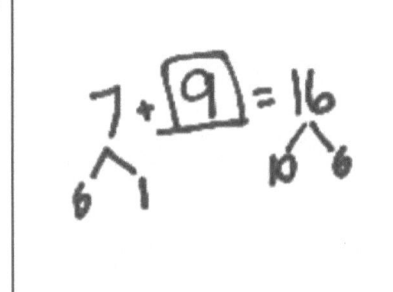

1 6
16-7=9

.d

7 8 9 10 11 12 14 15 16
8
16-7=8

.e

7+9=16
6 1
10 6

.f

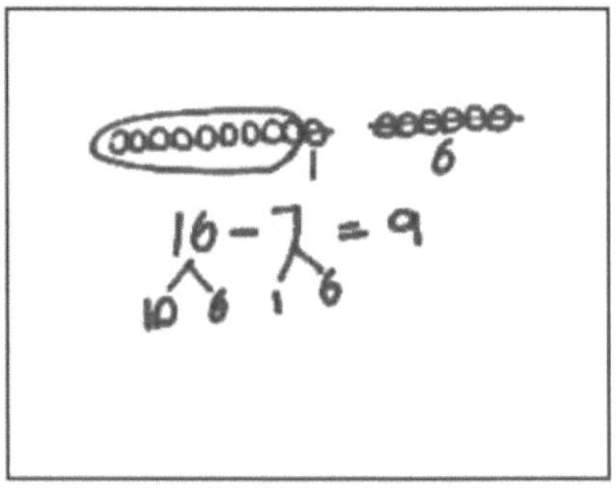

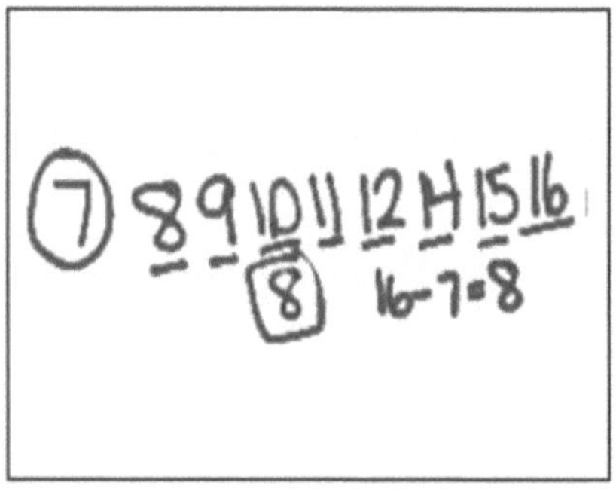

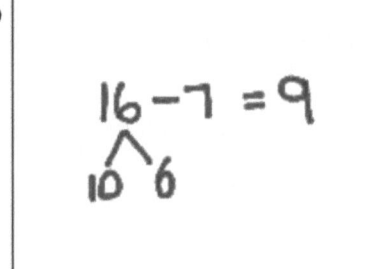

16-7
9

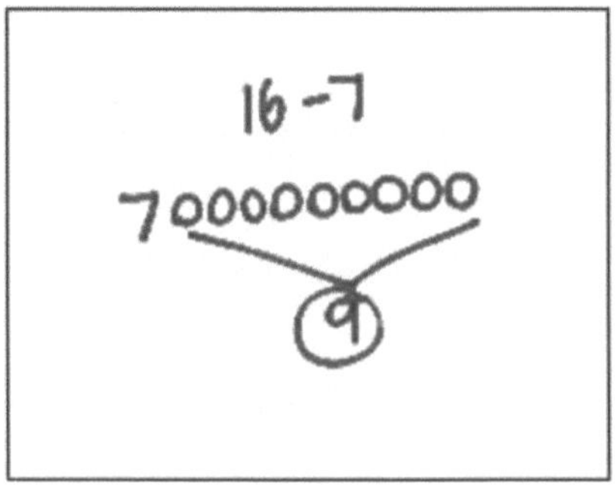

2. قم بإصلاح العمل الذي كان غير صحيح عن طريق عمل رسم جديد في المساحة أدناه مع جملة رقم مطابقة.

131

## اكتب

EUREKA MATH

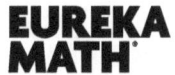

## اقرأ

هناك 16 حصير قراءة في الفصل. في حالة استخدام 9 حصائر قراءة، فكم عدد حصائر القراءة التي لا تزال متاحة؟

## ارسم

| 201 | الدرس 20 نموذج الطلاقة 2 | قصة الوحدات |

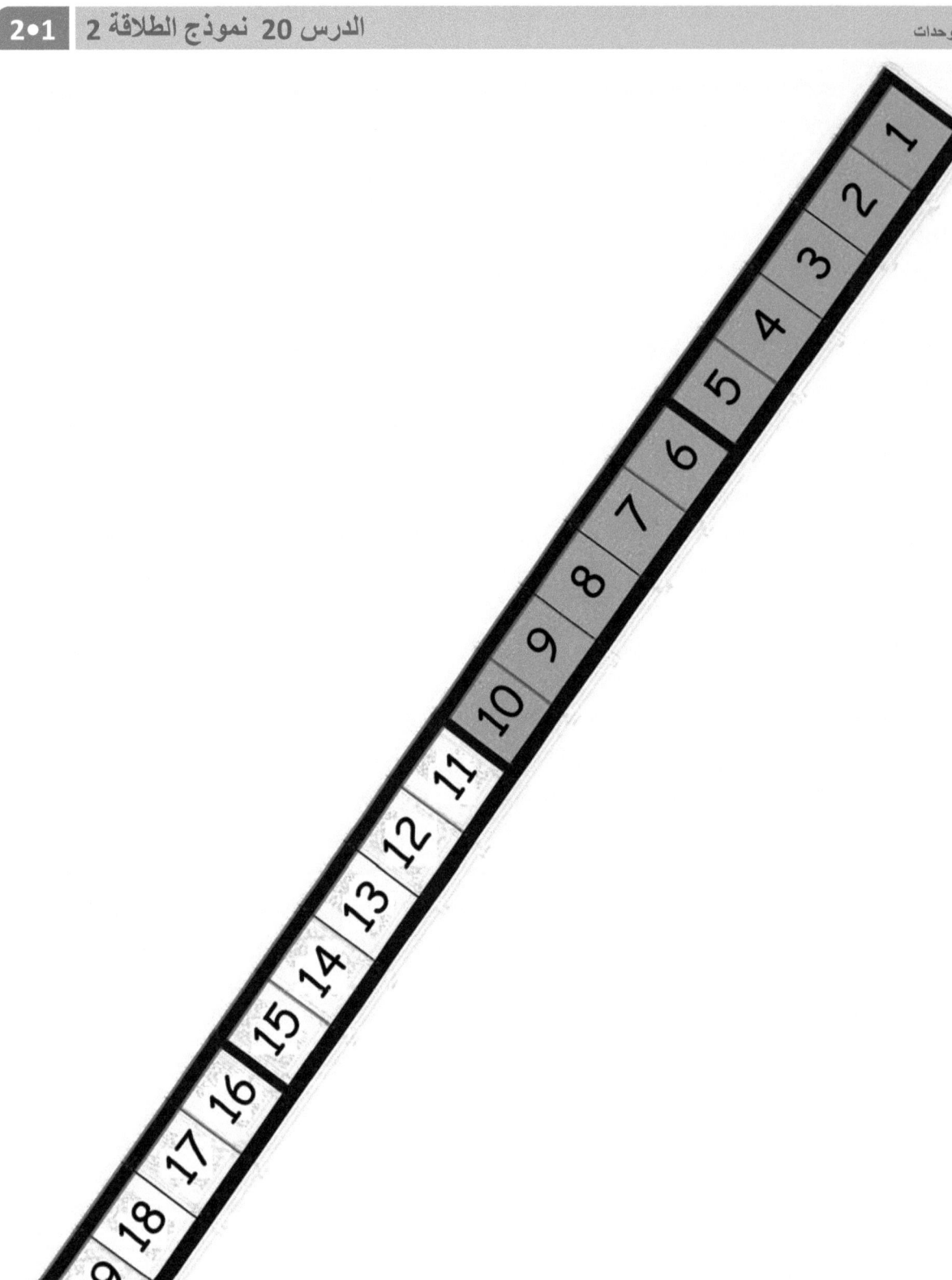

مسار رقم 1-20 ؛ من الدرس 18

الدرس 20: اطرح 7 و 8 و 9 من أرقام المراهقين.

الاسم _____  التاريخ _____

حل المشاكل أدناه. استخدم الرسومات أو السندات العددية.

a. 14 - 9 = _____    b. 14 - 7 = _____    c. 14 - 8 = _____

d. 16 - 7 = _____    e. 16 - 9 = _____    f. 16 - 8 = _____

أكمل جمل الطرح لجعلها صحيحة.

| | a. | b. | c. |
|---|---|---|---|
| .8 | 12 - 9 = _____ | 13 - 9 = _____ | 14 - 9 = _____ |
| .9 | 12 - 8 = _____ | 13 - 8 = _____ | 14 - 8 = _____ |
| .10 | 11 - 7 = _____ | 12 - 7 = _____ | 13 - 7 = _____ |
| .11 | 16 - 9 = _____ | 18 - 9 = _____ | 17 - 9 = _____ |
| .12 | 16 - _____ = 9 | 15 - _____ = 9 | 15 - _____ = 7 |
| .13 | 15 - _____ = 6 | 11 - _____ = 3 | 16 - _____ = 7 |

الاسم ________________________ التاريخ ______________

حل المشاكل أدناه. استخدم الرسومات أو السندات العددية.

.1 11 - 9 = ______

.2 11 - 8 = ______

.3 13 - 9 = ______

.4 13 - 8 = ______

.5 13 - 7 = ______

.6 12 - 7 = ______

.7 وصل التعبيرات المتساوية ببعضها.

| | |
|---|---|
| a. 16 - 7 | 13 - 9 |
| b. 17 - 7 | 18 - 9 |
| c. 12 - 8 | 15 - 9 |
| d. 14 - 8 | 18 - 8 |

اكتب

# اقرأ

لدى عمران 8 أقلام تلوين في صندوقه و 7 أقلام تلوين في مكتبه.

كم عدد الطباشير التي يمتلكها عمران في المجموع؟

# ارسم

الاسم _____  التاريخ _____

أكمل جمل الطرح باستخدام أخذ من عشرة استراتيجية والاعتماد عليها.

| 1 | 2 | 3 | 4 | 5 | 6 | 7 | 8 | 9 | 10 | 11 | 12 | 13 | 14 | 15 | 16 | 17 | 18 | 19 | 20 |

1. a. 11 - 8 = ___

   b. ___ + 8 = 11

2. a. 15 - 8 = ___

   b. ___ + 8 = 15

| 1 | 2 | 3 | 4 | 5 | 6 | 7 | 8 | 9 | 10 | 11 | 12 | 13 | 14 | 15 | 16 | 17 | 18 | 19 | 20 |

أكمل جمل الطرح باستخدام أخذ من عشرة والاعتماد على الاستراتيجيات. تحقق من الاستراتيجية التي تبدو أسهل بالنسبة لك.

6. a. 12 - 8 = ___
   ∧
   b. 8 + ___ = 12
   
   ☐ خذ من عشرة
   ☐ الاعتماد على

7. a. 11 - 8 = ___
   ∧
   b. 8 + ___ = 11
   
   ☐ خذ من عشرة
   ☐ الاعتماد على

8. a. 16 - 8 = ___
   ∧
   b. 8 + ___ = 16
   
   ☐ خذ من عشرة
   ☐ الاعتماد على

| هل استخدمت استراتيجية مختلفة؟ |

9. a. 19 - 8 = ___
   ∧
   b. 8 + ___ = 19
   
   ☐ خذ من عشرة
   ☐ الاعتماد على

| هل استخدمت استراتيجية مختلفة؟ |

الاسم ______________________ التاريخ ______________

استخدم رابطًا رقميًا لتوضيح كيفية استخدامك لأخذ استراتيجية من عشرة لحل المشكلة.

1. كان لدى كيفن 14 قلم تلوين. تم كسر ثمانية أقلام تلوين. كم عدد أقلام التلوين التي لم تنكسر؟

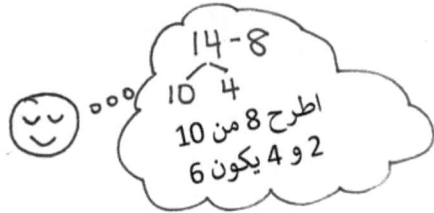

$14 - 8 =$ ______

كان كيفن ______ الطباشير التي لم تنكسر.

---

استخدم الروابط العددية لإظهار تفكيرك.

2. $17 - 8 =$ ______

3. $18 - 8 =$ ______

اعتمد على الحل.

4. $13 - 8 =$ ______

5. $15 - 8 =$ ______

# اكتب

_____

_____

_____

## اقرأ

لكل من كارلا وخوسيه ويانيس 8 كرز.

كلهم يحصلون على المزيد من الكرز لوضعهم في أوعية.

الآن ، لدى كارلا 12 كرزًا ، وخوسيه 14 كرزًا ، ويانيس لديها 16 كرزًا.

كم عدد الكرز التي وضعوها في أوعية؟

اكتب جملة رقم لكل إجابة.

## ارسم

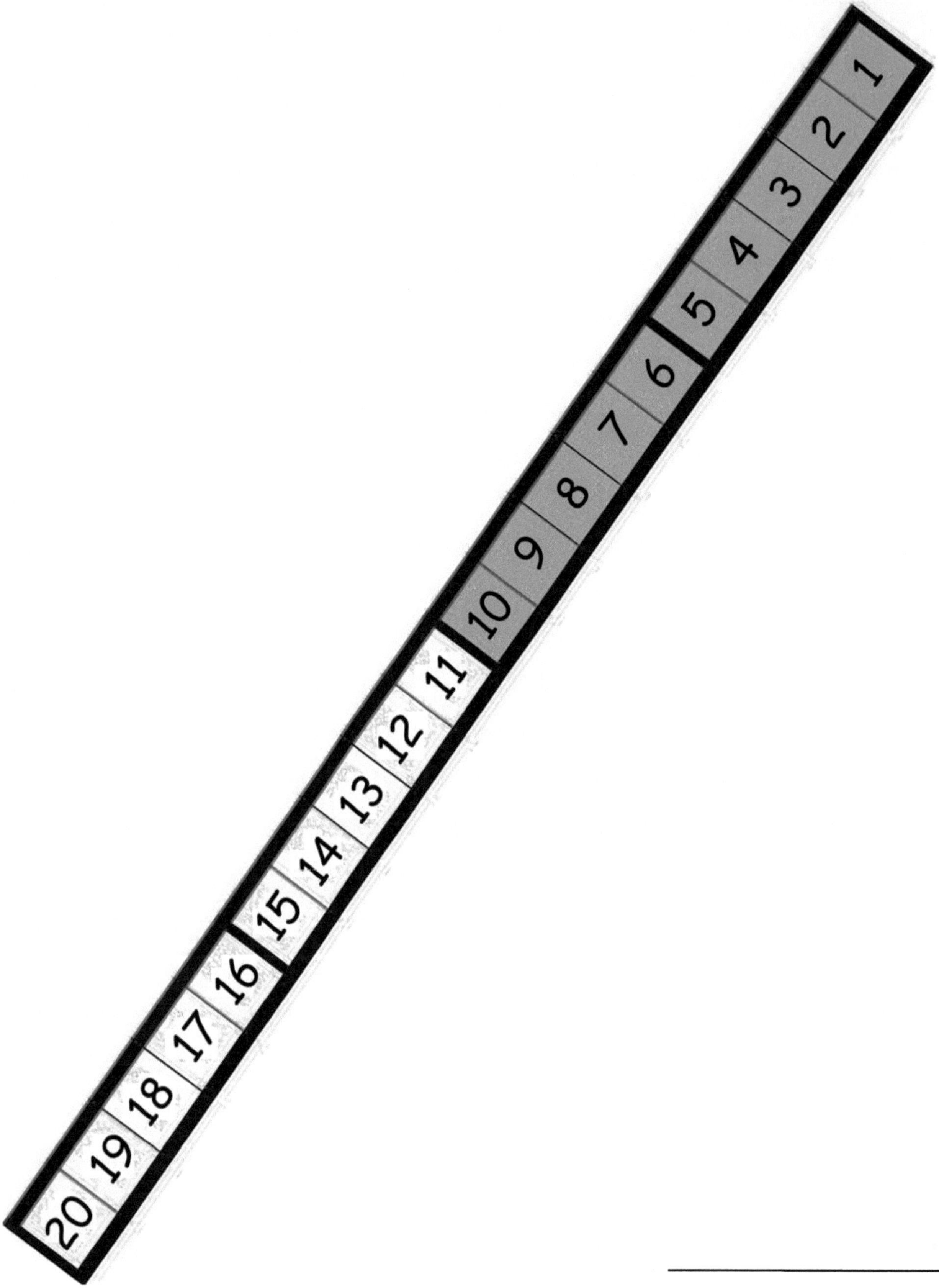

| 2•1 | الدرس 18 نموذج الطلاقة 2 | قصة الوحدات |

مسار رقم 1-20

الدرس 18: طرح نموذج 8 من أرقام المراهقين.

الاسم _____ التاريخ _____

ارسم صفوفًا مكونة من 5 مجموعات واشطبها لحلها. أكمل الجمل العددية. اكتب 2 + جملة إضافة تساعدك على إضافة الجزئين.

1. 14 - 8 = ____

____ = ____ + 2

2. 17 - 8 = ____

____ = ____ + 2

قصة الوحدات | الدرس 18 مجموعة المسائل | 2•1

5. 19 - 8 = _____   _____

6. 16 - 8 = _____   _____

7. 16 - 9 = _____   _____

8. 14 - 9 = _____   _____

9. اشرح كيفية صنع العشرة وأخذ من العشرة لحل الجملتين.

a. 6 + 8 = _____    b. 14 - 8 = _____

الاسم _____ التاريخ _____

1. طابق الصور مع الجمل العددية.

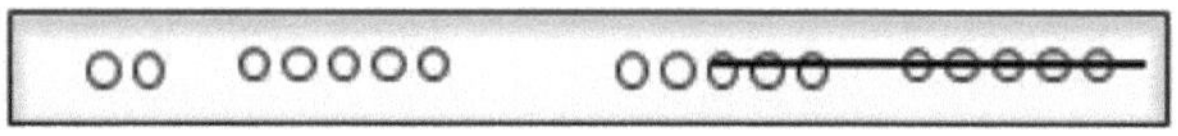

أ. 13 - 8 = 5

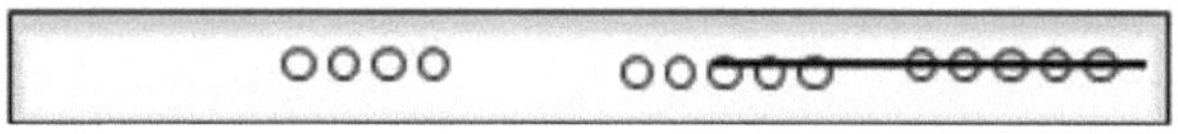

ب. 14 - 8 = 6

c. 17 - 8 = 9

d. 18 - 8 = 10

e. 16 - 8 = 8

قم بعمل رسم رياضي لصف مكون من 5 مجموعات وبعضها لحل المشكلات التالية. اكتب جملة الجمع التي توضح كيفية إضافة الأجزاء بعد طرح 8 أو 9.

2. 11 - 8 = _____

3. 12 - 8 = _____

4. 15 - 8 = _____

# اكتب

## اقرأ

جوليانا تدحرج 8 سيارات على منحدر. إذا بدأت مع 15 سيارة في الأعلى المنحدر، كم عدد السيارات التي لا تزال جوليانا في أعلى المنحدر؟

## ارسم

قصة الوحدات     الدرس 17 تذكرة الخروج

الاسم _____ التاريخ _____

1. ارسم و ارسم دائرة 10. ثم اطرح.

a. $12 - 8 = $ _____

b. $14 - 8 = $ _____

2. استخدم رابطة أرقام لتفكيك رقم المراهق. ثم اطرح.

$15 - 8 = $ _____

4. 15 - 8 = 

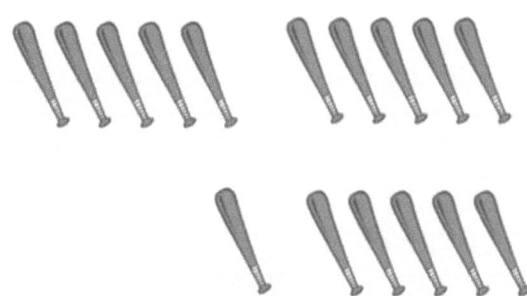

5. 19 - 8 =

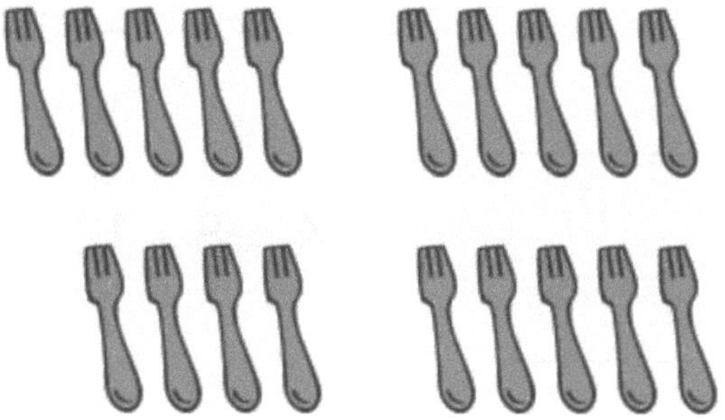

6. 16 - 8 =

7. 17 - 8 =

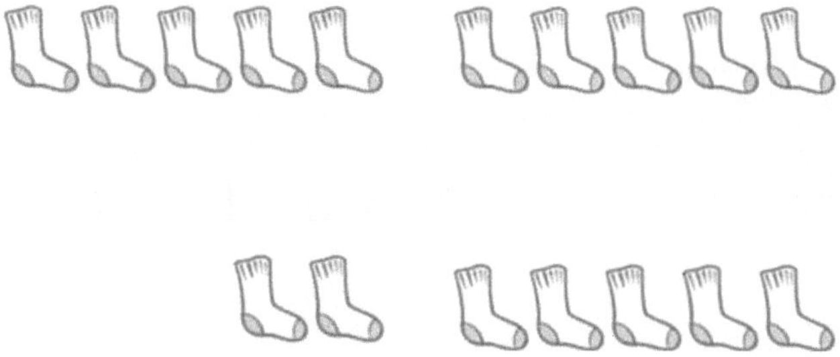

ارسم ودائرة 10، أو تفكيك رقم المراهق برقم رقمي. ثم طرح او خصم.

8. 12 - 8 = _____

9. 13 - 8 = _____

10. 14 - 8 = _____

11. 15 - 8 = _____

الاسم _____ التاريخ _____

1. تطابق الصور مع الجمل العددية.

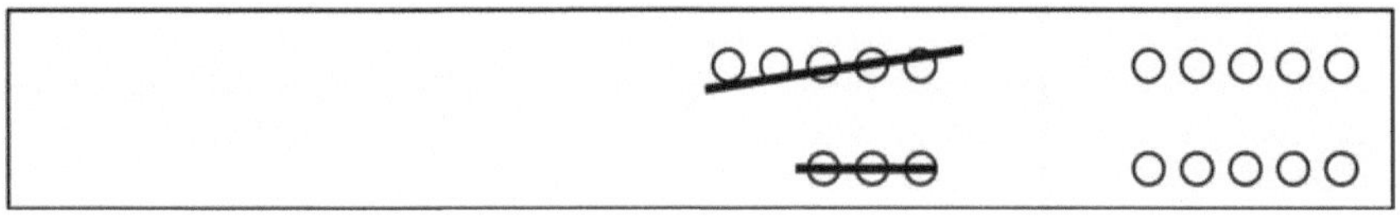

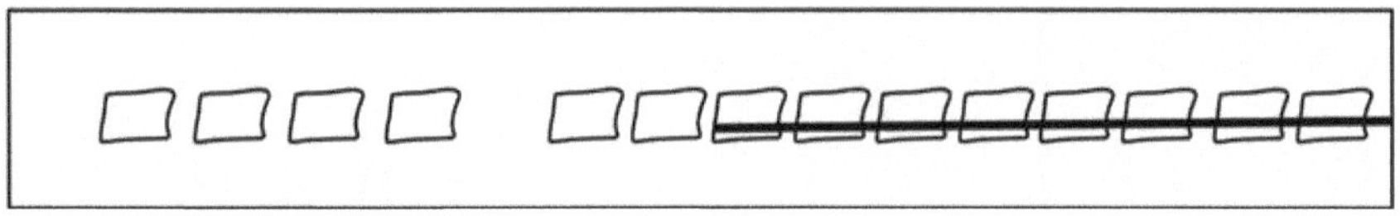

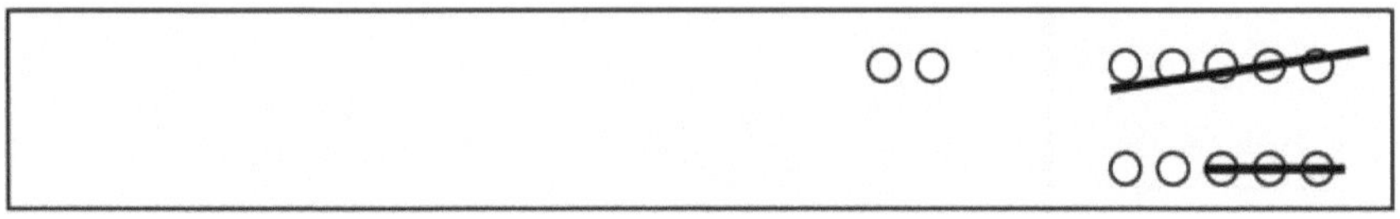

a.  12 - 8 = 4

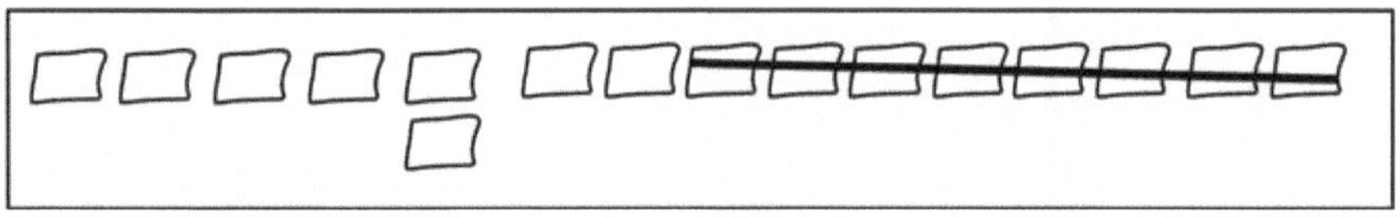

b.  17 - 8 = 9

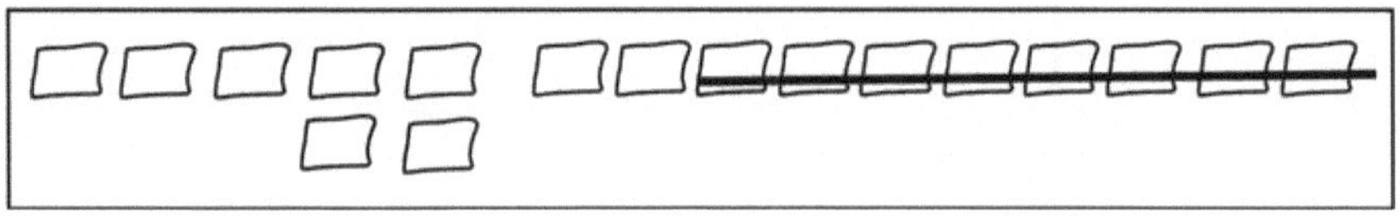

c.  16 - 8 = 8

d.  18 - 8 = 10

e.  14 - 8 = 6

ضع دائرة 10 واطرح

3.  11 - 8 = ____                2.  13 - 8 = ____

 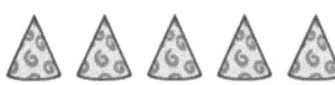     

# اكتب

## اقرأ

كانت جيزيلا تحتوي على 13 علامة في حقيبتها. سقطت ثمانية علامات من الحقيبة. كم عدد علامات جيزيلا الآن؟

## ارسم

الاسم ______________________ التاريخ ____________

أكمل جمل الطرح باستخدام كل من الاعتماد على عشر استراتيجيات وأخذها.

1. أ. 13 - 9 = ____    b. 13 - 9 = ____

2. أ. 17 - 9 = ____    b. 17 - 9 = ____

أكمل جمل الطرح باستخدام أخذ من عشرة استراتيجية والاعتماد عليها. حدد الإستراتيجية التي تفضل استخدامها للمشكلة 3 و 4.

3. a. 11 - 9 = ______    b. 11 - 9 = ____

☐ خذ من عشرة

☐ اعتمد على

---

4. a. 18 - 9 = ______    b. 18 - 9 = ____

☐ خذ من عشرة

☐ اعتمد على

---

5. فكر في كيفية حل مشاكل الطرح التالية:

| | | |
|---|---|---|
| 16 - 9 | 12 - 9 | 18 - 9 |
| 11 - 9 | 15 - 9 | 14 - 9 |
| 13 - 9 | 19 - 9 | 17 - 9 |

اختر المشكلات التي تعتقد أنه من الأسهل الاعتماد عليها من 9 والمشكلات الأسهل لاستخدامها من عشر إستراتيجيات. اكتب المشاكل في المربعات أدناه.

| مشاكل في استخدام *الاعتماد على* مع : | مشاكل في استخدام *خذ من عشرة* استراتيجية مع: |
|---|---|
| | |

هل كانت هناك أي مشاكل كانت بنفس السهولة باستخدام أي من الطريقتين؟ هل استخدمت طريقة مختلفة لأية مشاكل؟

EUREKA MATH

الاسم ____________ التاريخ ____________

حل المشكلة بالاعتماد على (أ) واستخدام رابطة أرقام لأخذ من عشرة (ب).

1. كان لدى لوسي 12 بالونًا في حفلة عيد ميلادها. أعطتها 9 بالونات اصحاب. كيف العديد من البالونات غادرت؟

a. 12 - 9 = _____

b. 12 - 9 = _____

كان لوسي تركت البالونات.

2. جوستين كان عنده 15 عنبية على لوحه. أكل 9 منهم. كم بقي عليه أن يأكل؟

a. 15 - 9 = _____

b. 15 - 9 = _____

لقد جوستين ______ غادر التوت لتناول الطعام.

# اكتب

_____

_____

_____

# اقرأ

كان هناك 16 طبقة على الرف. أخذ تسعة طلاب معاطفهم للذهاب في الخارج. كم عدد المعاطف التي لا تزال على الرف؟

**تمديد:** إذا أخذ 4 طلاب آخرين معاطفهم للخروج، فكم عدد المعاطف التي لا تزال معلقة؟

# ارسم

الاسم _____ التاريخ _____

ارسم صفوفًا مكونة من 5 مجموعات واشطبها لحلها. أكمل الجمل العددية.

1. 17 - 9 = _____

2. 19 - 9 = _____

6. 14 - 9 = _____

7. 13 - 9 = _____

8. 12 - 9 = _____

9. 15 - 9 = _____

10. اعرض عمل 10 وأخذ من 10 لإكمال الجملتين.

a. 5 + 9 = _____

ب. 14 - 9 = _____

11. قم بعمل رابطة رقمية للمسألة 10. اكتب جملتين إضافيتين من الأرقام تستخدمان هذا الرقم.

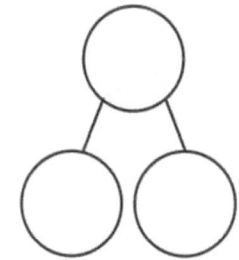

_______________ _______________

92 الدرس 15: طرح نموذج 9 من أرقام المراهقين.

الاسم ________________________________ التاريخ ______________

1. تطابق الصور مع الجمل العددية.

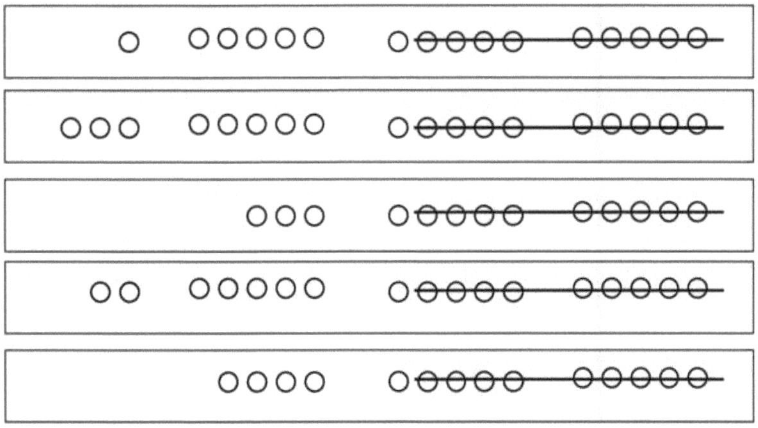

a. $13 - 9 = 4$

b. $14 - 9 = 5$

c. $17 - 9 = 8$

d. $18 - 9 = 9$

e. $16 - 9 = 7$

ارسم صفوفًا مكونة من 5 مجموعات. تصور ثم شطب لحلها. أكمل الجمل العددية.

2. $11 - 9 =$ _____

3. $13 - 9 =$ _____

4. $16 - 9 =$ _____

5. $17 - 9 =$ _____

اكتب

_____

_____

_____

# اقرأ

جوليان لديه 7 علامات. والدته تعطيه 8 أخرى. يفقد 9 علامات. كم غادر؟

# ارسم

الاسم ______________________________ التاريخ ______________

رسم و (ارسم دائرة) 10. حل وجعل الرابطة العددية.

1. 17 - 9 = _____

2. 14 - 9 = _____

3. 15 - 9 = _____

4. 18 - 9 = _____

.4 _____ = 9 - 15

.5 _____ = 9 - 13

.6 _____ = 9 - 16

.7 _____ = 9 - 17

رسم و (ارسم دائرة) 10. ثم اطرح.

.8 _____ = 9 - 12

.9 _____ = 9 - 13

.10 _____ = 9 - 14

.11 _____ = 9 - 15

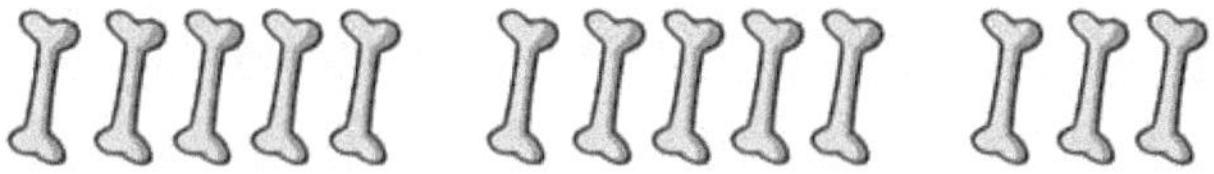

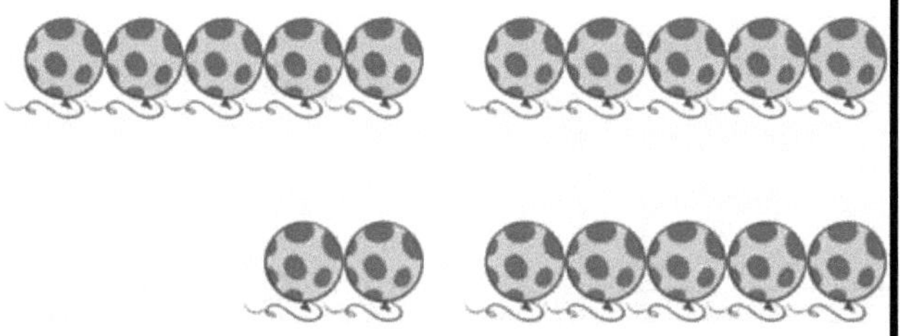

الاسم _____  التاريخ _____

1. تطابق الصور مع الجمل العددية.

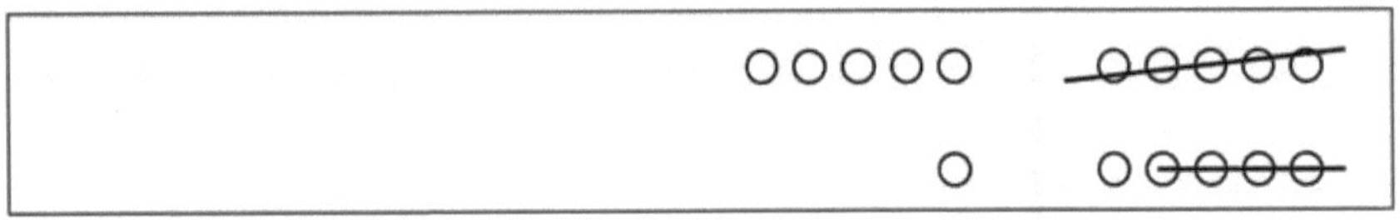

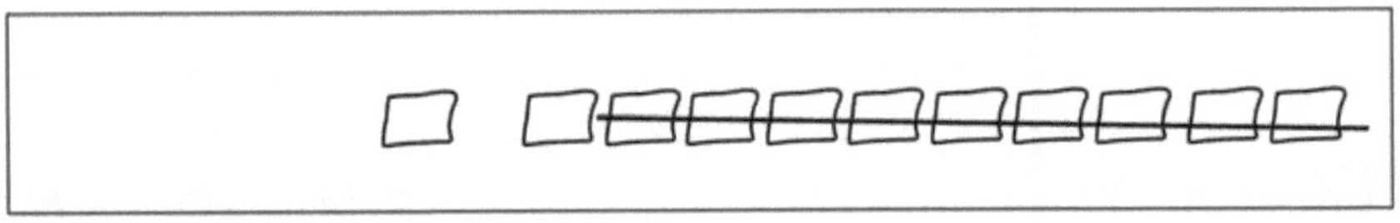

a. 11 - 9 = 2

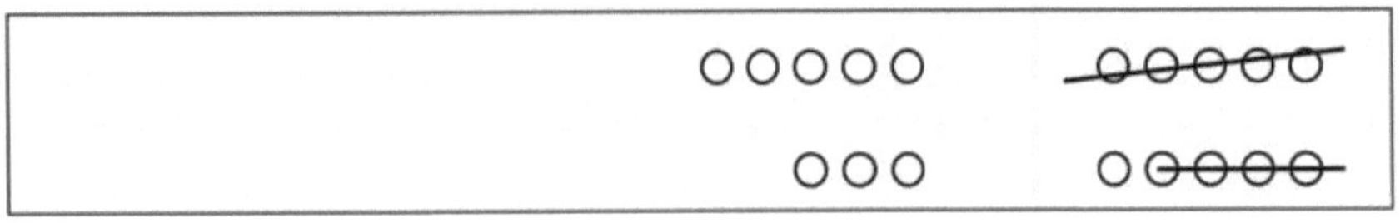

b. 14 - 9 = 5

c. 16 - 9 = 7

d. 18 - 9 = 9

e. 17 - 9 = 8

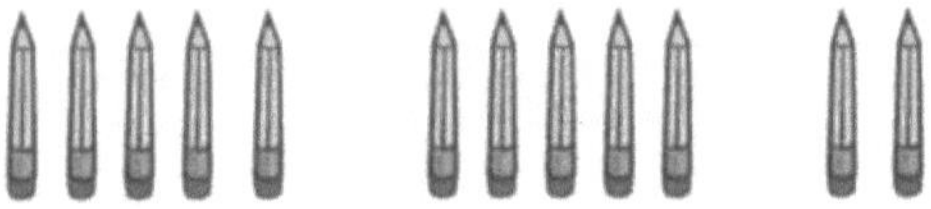

(ارسم دائرة) 10 وطرح.

2. 12 - 9 = _____

3. 14 - 9 = _____
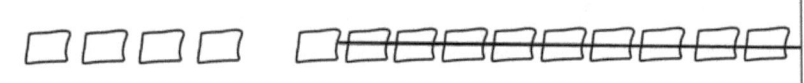

# اكتب

_____

_____

الدرس 14: طرح نموذج 9 من أرقام المراهقين.

# اقرأ

سارة لديها 6 خرزات زرقاء في حقيبتها و 4 خرزات خضراء في جيبها.

إنها تتخلى عن 6 حبات زرقاء و 3 حبات خضراء. كم عدد الخرزات التي تركتها؟

# ارسم

# الدرس 13 مجموعة مسائل

الاسم _____ التاريخ _____

حل. املأ السندات العددية. استخدم صفوفًا مكونة من 5 مجموعات، وشطب لإظهار عملك.

غابرييلا لديها 4 مقاطع شعر في شعرها و 10 مقاطع شعر في غرفة نومها. أعطت 9 من مقاطع الشعر في غرفتها لأختها. كم عدد مقاطع الشعر التي تمتلكها غابرييلا الآن؟

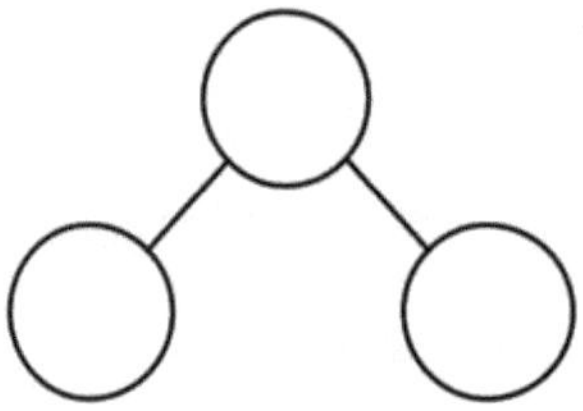

وقد غابرييلا _____ مقاطع الشعر.

مع شريك ، قم بإنشاء قصصك الخاصة لمطابقة وحل عدد الجمل. اصنع رابطًا رقميًا لإظهار العدد الكلي 10 وبعضها. ارسم صفوفًا مكونة من 5 مجموعات
تطابق قصتك. اكتب جملة الرقم الكاملة على السطر.

4. $16 - 9 = \square$

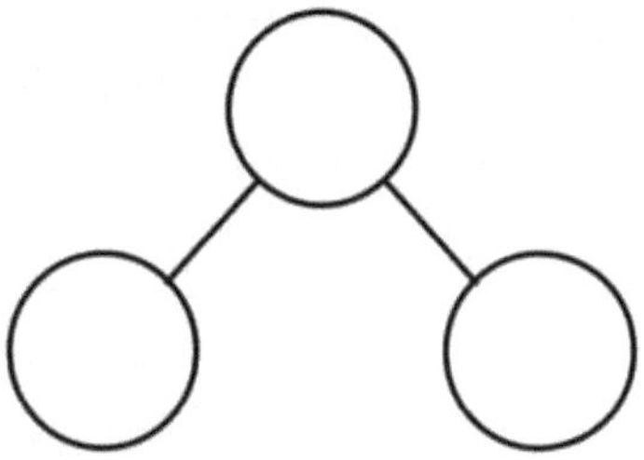

5. $12 - 9 = \square$

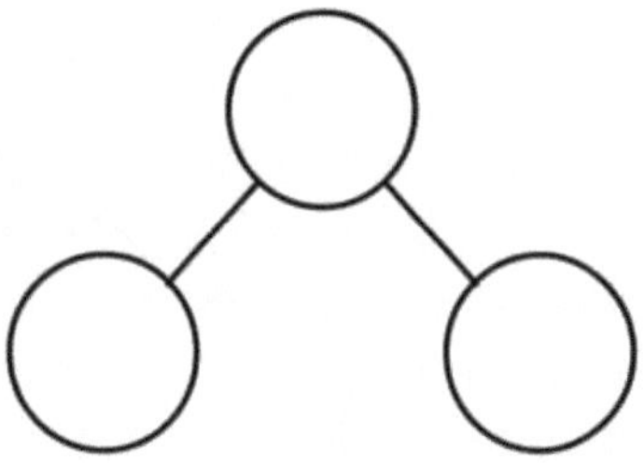

6. $19 - 9 = \square$

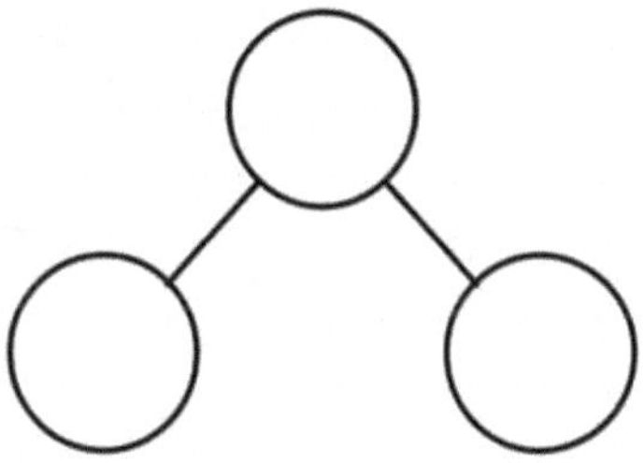

# 2•1 الدرس 13 مجموعة مسائل

قصة الوحدات

الاسم _____ التاريخ _____

حل. استخدم صفوفًا مكونة من 5 مجموعات ، وشطب لإظهار عملك.

1. يحتوي مايك على 10 ملفات تعريف ارتباط على لوحة و 3 ملفات تعريف ارتباط في صندوق. يأكل 9 ملفات تعريف الارتباط من اللوحة. كم عدد ملفات تعريف الارتباط المتبقية؟

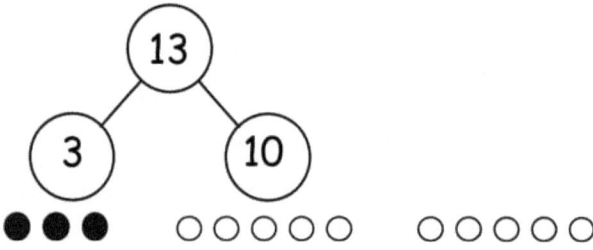

مايك لديه _____ تركت ملفات تعريف الارتباط.

2. فران لديه 10 أقلام تلوين في صندوق و 5 أقلام تلوين على المكتب. يعير فران بوب 9 أقلام تلوين من الصندوق. كم عدد الطباشير الملون التي يجب أن يستخدمها فران؟

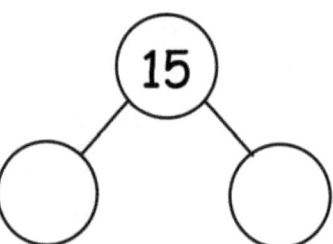

وقد فران _____ الطباشير لاستخدامها.

3. 10 بط في البركة ، و 7 بط على الأرض. 9 من البط في البركة هم أطفال ، وبقية البط هم من البالغين. كم عدد البط البالغ؟

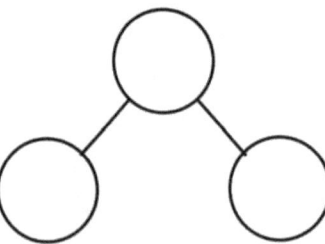

يوجد _____ البط الكبار.

الدرس 13: حل مشاكل الكلمات مع طرح 9 من 10.

79

# اكتب

_____

_____

_____

## اقرأ

سقطت عشر رقائق ثلج على قفاز سام ، وسقطت 6 على معطفه. ذاب تسعة من الثلج على قفاز سام. كم عدد رقاقات الثلج المتبقية؟

اكتب جملة طرح لتبيّن عدد رقاقات الثلج المتبقية.

## ارسم

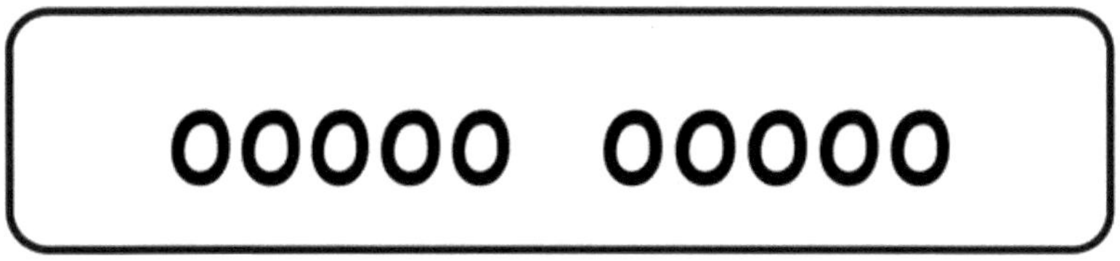

2•1 الدرس 12 نموذج الطلاقة 2
قصة الوحدات

5 صفوف إدراج الصف

الدرس 12: حل مشاكل الكلمات مع طرح 9 من 10.

الاسم ______________________ التاريخ ______________

اعمل رسم رياضيًا بسيطًا. شطب من 10 منها لإظهار ما يحدث في قصة.

كان هناك 16 كتابا على الطاولة. 10 كتب عن الديناصورات. 6 كتب عن الأسماك. أخذ طالب 9 من كتب الديناصورات. كم عدد الكتب المتبقية على الطاولة؟

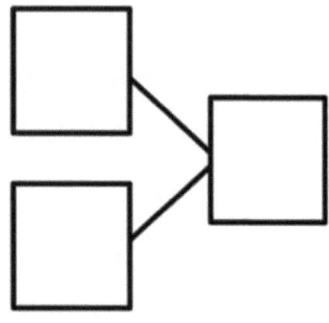

كانت هناك ______ كتب تركت على الطاولة.

4. 10 بيضات في كل كرتونة، و5 بيضات في وعاء. يقوم والد جو بطهي 9 بيضات من الكرتونة. كم عدد البيض المتبقي؟

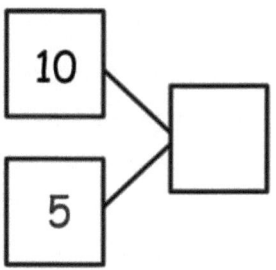

متبقٍ ______ من البيض.

5. كان لدى جانا 10 هدايا مغلفة على الطاولة و 7 هدايا مغلفة على الأرض.
قامت بتفكيك 9 هدايا من الطاولة. كم عدد الهدايا التي لا تزال مغلفة؟

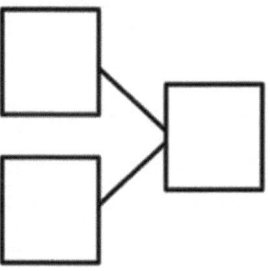

لقد جانا ______ الهدايا لا تزال ملفوفة.

6. هناك 10 كعكات على صينية و 8 على الطاولة. على الدرج ، هناك
9 كب كيك فانيليا. باقي الكعك من الشوكولاتة. كم عدد كعكات الشوكولاتة؟

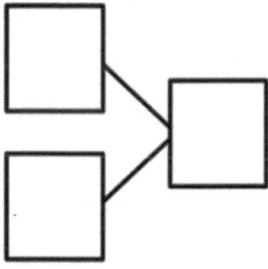

يوجد ______ الكعك الشوكولاته.

EUREKA MATH

الاسم _____ التاريخ _____

اعمل رسم رياضيًا بسيطًا. اشطب من 10 آحاد أو الجزء الآخر
من أجل إظهار ما يحدث في القصص.

1. بيل لديه 16 عنب. هناك 10 في كرمة واحدة و6 على الأرض.
بيل يأكل 9 حبات عنب من الكرمة. كم عدد العنب الذي تركه بيل؟

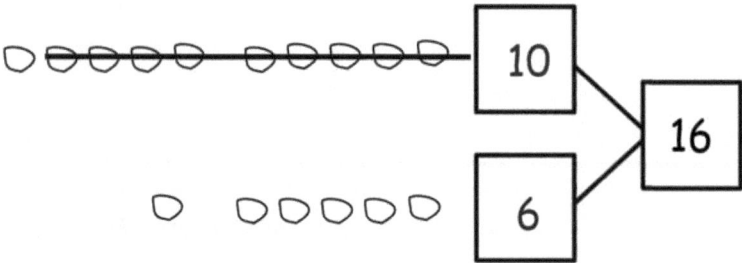

بيل لديه _____ من حبات العنب الآن.

---

2. 12 ضفدع في البركة. 10 على وسادة زنبق، و2 في الماء. 9 ضفادع تقفز
خارج وسادة الزنبق وخارج البركة. كم عدد الضفادع الموجودة في البركة؟

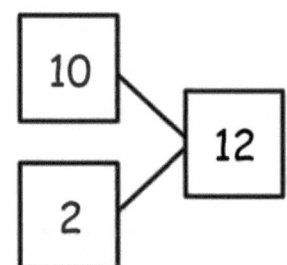

يوجد _____ من الضفادع لا تزال في البركة.

---

3. كيم لديه 14 ملصق. توجد 10 ملصقات على الصفحة الأولى، و4 ملصقات على الصفحة الثانية. يخسر كيم 9 ملصقات
من الصفحة الأولى. كم عدد الملصقات التي لا تزال في كتابها؟

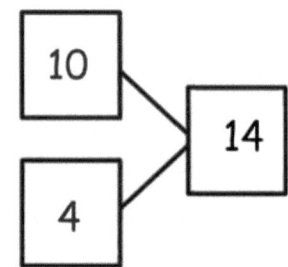

لدى كيم _____ من الملصقات في كتابه.

اكتب

# اقرأ

اشترت كلوديا 8 تفاحات حمراء و9 تفاحات خضراء. كم عدد التفاح الذي تمتلكه كلوديا ككل؟ قم بعمل رسم رياضي أو كتابة جملة رقمية أو عبارة لتوضيح تفكيرك.

**تمديد:** أكلت كلوديا 3 تفاحات حمراء، وتناولت صديقتها 4 تفاحات خضراء. كم عدد التفاح الذي تملكه كلوديا الآن؟

# ارسم

قصة الوحدات   الدرس 11 تذكرة الخروج   2•1

الاسم _____   التاريخ _____

يعتقد جون أن المشكلة أدناه يجب حلها باستخدام رسومات مجموعات من 5، وتعتقد سو أنه يجب حلها باستخدام رابط رقمي. قم بالحل بكلتا الطريقتين، وضع دائرة حول الاستراتيجية التي تعتقد أنها أكثر كفاءة.

سجلت كيم 5 أهداف في مباراة كرة القدم و8 أهداف في لعبة الكرة اللينة. كم عدد النقاط التي تسجلها معًا؟

عمل سيو                                    عمل جون

حل بنفسك. أظهر تفكيرك بالرسم أو الكتابة.
اكتب عبارة للإجابة عن السؤال.

3. يوجد 4 كعكات فانيليا و 8 كعكات شوكولاتة للحفلة. كم عدد الكعك المصنوع للحفلة؟

4. يوجد 5 فتيات و 7 فتيان في الملعب. كم عدد الطلاب في الملعب؟

عند الانتهاء، شارك حلولك مع شريك. كيف قام شريكك بحل كل مشكلة؟ كن مستعدًا لمشاركة كيفية حل شريكك للمشكلات.

٢•١ الدرس ١١ مجموعة المسائل   قصة الوحدات

الاسم _____   التاريخ _____

كان لدى جيريمي 7 صخور كبيرة و8 صخور صغيرة في جيبه.

كم عدد الصخور التي يمتلكها جيريمي؟

1. ضع دائرة حول كل عمل الطالب الذي يطابق القصة بشكل صحيح.

a.

15 = 8 + 7

b.

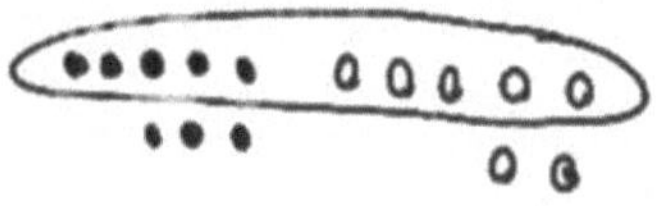

15 = 8 + 7

c.

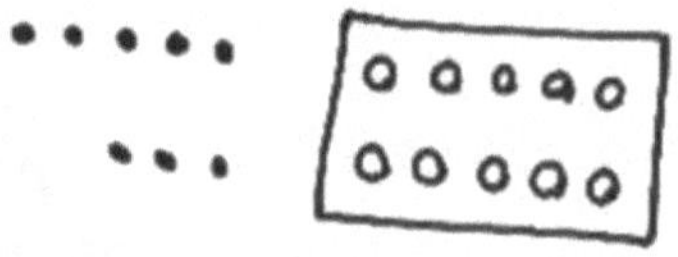

15 = 8 + 7

d.

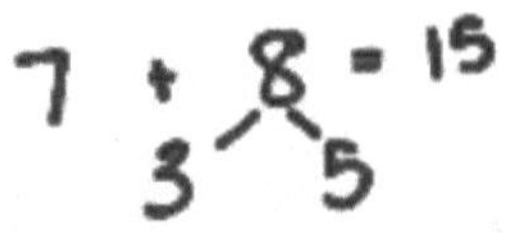

7 + 8 = 15
  3   5

15 = 8 + 7

e.

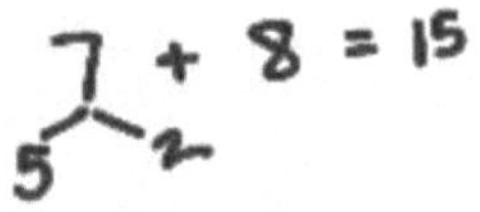

7 + 8 = 15
5   2

15 = 8 + 7

f.

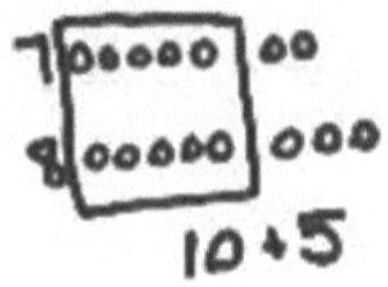

10 + 5

15 = 8 + 7

2. قم بإصلاح العمل الذي كان غير صحيح عن طريق عمل رسم جديد في المساحة أدناه مع الحملة الرقمية المطابقة.

# اكتب

_____

_____

_____

# اقرأ

اشترى نيكولاس 9 تفاحات خضراء و7 تفاحات حمراء. اشترت صوفيا 10 تفاحات حمراء و6 تفاح خضراء. تعتقد صوفيا أن لديها تفاح أكثر من نيكولاس. هل هي على حق؟ اختر استراتيجية تعلمتها لإظهار عملك. بعد ذلك، اكتب الجمل الرقمية لتظهر عدد التفاح لدى كل من نيكولاس وصوفيا.

# ارسم

الاسم _____ التاريخ _____

حل. استخدم روابط رقمية أو رسومات المجموعات من 5 إذا لزم الأمر. اكتب الجملة ذات الرقم العشري الزائد المساوي.

أ.
____ = 5 + 9

____ = ____ + 10

ب.
____ = 4 + 8

____ = ____ + 10

ج.
____ = 6 + 7

____ = ____ + 10

أكمل جمل الجمع لجعلها صحيحة.

| ج. | ب. | أ. |
|---|---|---|
| ___ = 5 + 7 | ___ = 4 + 8 | 5. ___ = 2 + 9 |
| ___ = 6 + 7 | ___ = 3 + 8 | 6. ___ = 5 + 9 |
| ___ = 7 + 4 | ___ = 8 + 6 | 7. ___ = 9 + 6 |
| ___ = 7 + 7 | ___ = 8 + 5 | 8. ___ = 9 + 7 |
| 16 = ___ + 7 | 16 = ___ + 8 | 9. 17 = ___ + 9 |
| 17 = 7 + ___ | 15 = 8 + ___ | 10. 15 = 9 + ___ |

الاسم ______________________ التاريخ ______________

حل. استخدم روابط رقمية أو رسومات المجموعات من 5 إذا لزم الأمر. اكتب الجملة ذات الرقم العشري الزائد المساوي.

1. 4 + 9 = ____

10 + ____ = ____

2. 6 + 8 = ____

10 + ____ = ____

3. 7 + 4 = ____

10 + ____ = ____

4. وصل التعبيرات المتساوية ببعضها.

| | |
|---|---|
| a. 9 + 3 | 10 + 1 |
| b. 5 + 8 | 10 + 4 |
| c. 9 + 6 | 10 + 2 |
| d. 8 + 9 | 10 + 5 |
| e. 4 + 7 | 10 + 7 |
| f. 6 + 8 | 10 + 3 |

# اكتب

_____

_____

_____

## اقرأ

كان هناك 4 أحذية عند باب الفصل الدراسي، و8 أحذية في الردهة، و6 أحذية بجوار مكتب المعلم. كم عدد الأحذية الموجودة هناك؟

**تمديد:** كم عدد أزواج الأحذية الموجودة ككل؟

## ارسم

الاسم _____ التاريخ _____

1. لدى سيلا 3 طوابع في مجموعتها. يعطيها والدها 8 طوابع أخرى. كم عدد الطوابع التي لديها الآن؟ وضح كيف تكوّن عشرة، واكتب حقيقة 10+.

___ = 8 + 3                    ___ = ___ + 10

2. أكمل جمل الجمع الروابط الرقمية.

أ. 8 + 6 = ___                ب. 10 + ___ = 14

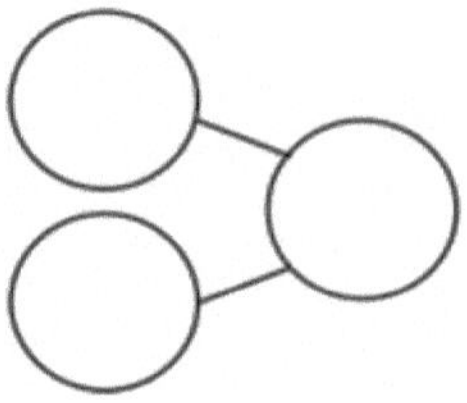

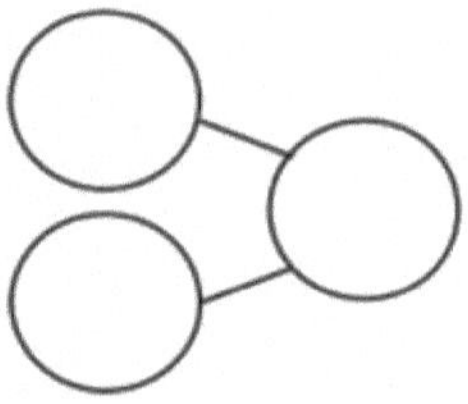

أكمل جمل الجمع والروابط الرقمية.

8. أ. ___ = 1 + 10 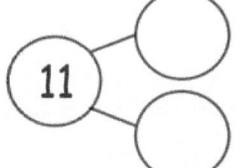  ب. ___ = 3 + 8

9. أ. ___ = 5 + 10   ب. ___ = 7 + 8

10. أ. ___ = 6 + 10 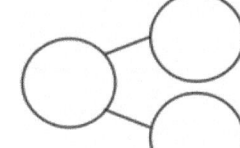  ب. ___ = 8 + 8

11. أ. ___ = 10 + 2 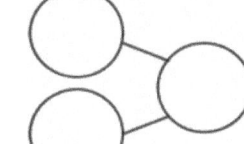  ب. ___ = 8 + 4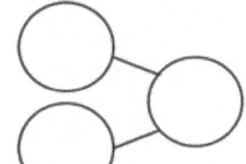

12. أ. ___ = 10 + 4 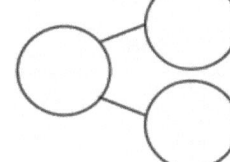  ب. ___ = 8 + 6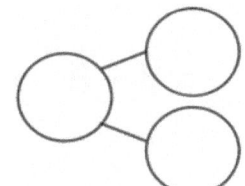

الاسم _____    التاريخ _____

كوّن عشرة لحلها. استخدم رابطًا رقميًا لتظهر كيف أخرجت 2 لتكوين عشرة.

1. لدى بن 8 حبات من العنب الأخضر و3 حبات من العنب الأرجواني. كم عدد حبات العنب لديه؟

   8 + 3 = _____        _____ + 10 = _____

   بن لديه _____ من حبات العنب.

2. 8 + 4 = _____        _____ + 10 = _____

استخدم الروابط الرقمية لإظهار تفكيرك. اكتب حقيقة 10+.

3. 8 + 5 = _____        _____ + _____ = _____

4. 8 + 7 = _____        _____ + _____ = _____

5. 4 + 8 = _____        _____ + _____ = _____

6. 7 + 8 = _____        _____ + _____ = _____

7. 8 + _____ = 17       _____ + _____ = _____

# اكتب

_____

_____

_____

## اقرأ

وجد سنجاب 8 مكسرات في الصباح و 5 مكسرات في فترة ما بعد الظهر و 2 من المكسرات في المساء. كم عدد المكسرات التي وجدها السنجاب ككل؟

**تمديد:** في اليوم التالي، وجد السنجاب 3 جوزات أخرى في الصباح، وواحدة أخرى في فترة ما بعد الظهر، وواحدة أخرى في المساء. كم جمع على مدى يومين؟

## ارسم

الاسم _____ التاريخ _____

اعمل رسومات رياضية باستخدام الإطار العشري لحلها. أعد الكتابة كالجملة الرقمية 10+.

1. 6 + 8 = ___      2. 8 + 4 = ___

___ = ___ + 10      ___ = ___ + ___

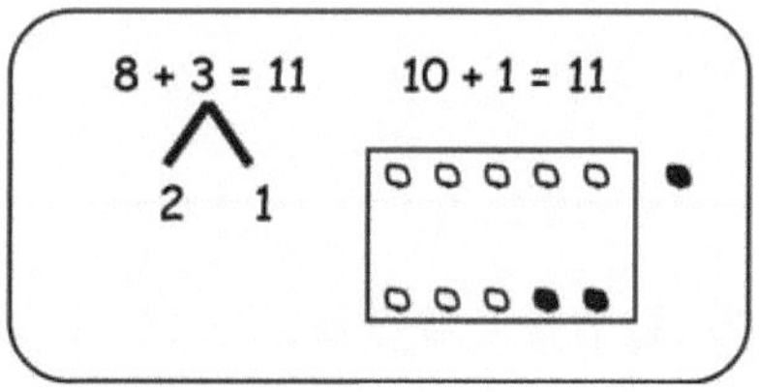

حل. اعمل رسومات رياضية باستخدام الإطار العشري لإظهار كيف كونت عشرة لحلها.

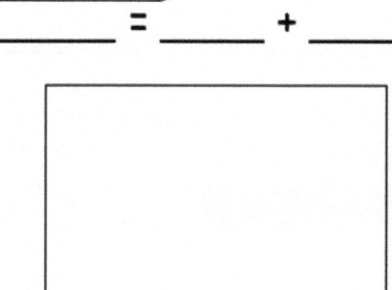

4. $___ = 4 + 8$

$___ + ___ = ___$

5. $___ = 8 + 6$

$___ + ___ = ___$

6. $___ = 5 + 8$

$___ + ___ = ___$

حل. استخدم رابطًا رقميًا لتظهر كيف قمت بعمل عشرة.

7. $___ = 8 + 5$

8. $7 + 8 = ___$

الاسم _____ التاريخ _____

ارسم دائرة لجعل عشرة. اكتب الجملة الرقمية 10+ وقم بالحل.

1. توم لديه 8 سمكات ذهبية فقط و5 سمكات ملائكية. كم عدد الأسماك التي يملكها توم ككل؟

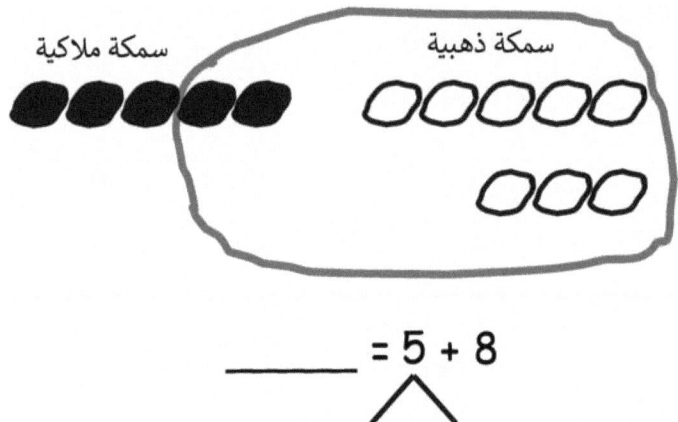

8 + 5 = _____

10 سمكات + _____ من السمك = _____ من السمك

كوّن عشرة عن طريق رسم الدائرة وقم بالحل.

2. 8 + 3 = _____

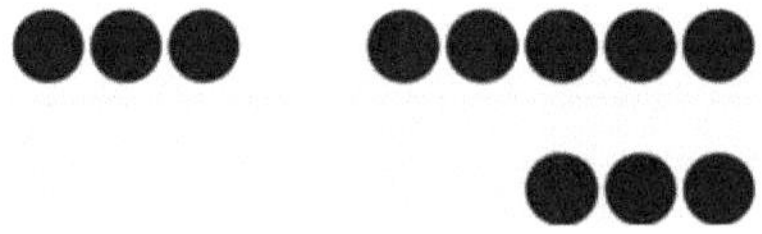

_____ + 10 = _____

3. 8 + 4 = _____

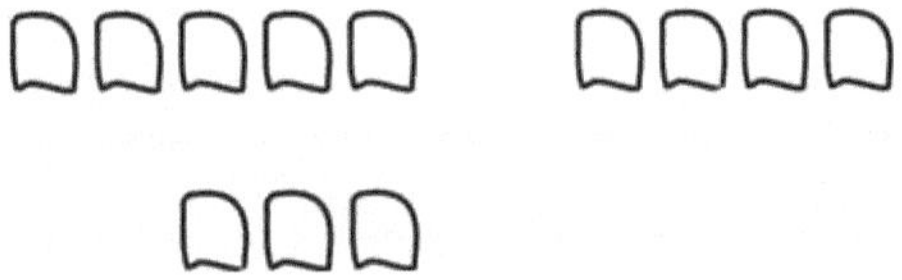

_____ + 10 = _____

# اكتب

_____

_____

_____

## اقرأ

فقدت شجرة 8 أوراق في يوم و4 أوراق في اليوم التالي. كم عدد الأوراق التي فقدتها الشجرة في نهاية اليومين؟ استخدم رابطًا رقميًا وجملة رقمية وعبارة لمطابقة القصة.

**تمديد:** في اليوم الثالث، فقدت الشجرة 6 أوراق. كم عدد الأوراق التي فقدتها بنهاية اليوم الثالث؟

## ارسم

الاسم _____ التاريخ _____

رسم وتسمية و (ارسم دائرة) لتوضيح كيف قمت بعمل عشرة لمساعدتك في حلها.

اكتب عدد الجمل الرقمية التي استخدمتها لحلها.

يختار نيك بعض الفلفل. يلتقط 5 فلفل أخضر و8 فلفل أحمر. كم عدد الفلفل التي التقطها ككل؟

8 و _____ تساوي _____ .

10 و _____ تساوي _____ .

يختار نيك _____ من الفلفل.

3. هناك 3 كراسي على الجانب الأيمن من الفصل و8 على الجانب الأيسر. كم عدد الكراسي الموجودة في الفصل؟

8 و _____ تساوي _____ .

10 و _____ تساوي _____ .

يوجد _____ مجموع الكراسي.

4. هناك 7 أطفال يجلسون على السجادة و8 أطفال واقفون. كم عدد الأطفال ككل؟

8 و _____ تساوي _____ .

10 و _____ تساوي _____ .

يوجد _____ الأطفال بشكل عام.

الاسم _____ التاريخ _____

(ارسم دائرة) لتوضيح كيف قمت بعمل عشرة لمساعدتك في حلها.

1. جون لديه 8 كرات تنس. طوني لديه 5. كم عدد كرات التنس لديهم جميعًا؟

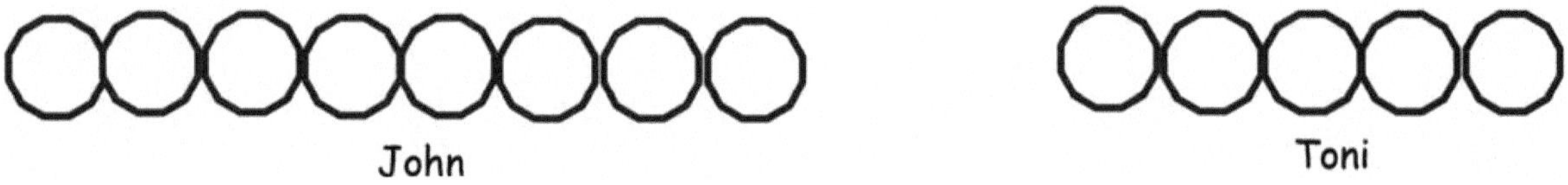

◯◯◯◯◯◯◯◯    ◯◯◯◯◯
John                     Toni

8 و _____ تساوي _____ .

10 و _____ تساوي _____ .

جون وتوني لديهما _____ من كرات التنس ككل.

2. بوب لديه 8 زبيب وجيني 4. كم عدد الزبيب لديهم جميعًا؟

8 و _____ تساوي _____ .

10 و _____ تساوي _____ .

بوب وجيني لديهما _____ من حبات الزبيب معًا.

# اكتب

_____

_____

_____

# اقرأ

قدمت ستايسي 6 رسومات. قدم ماثيو رسمين. قدم تيم 4 رسومات. كم عدد الرسومات التي قاموا بعملها معًا؟ استخدم رسمًا، وجملة رقمية، وعبارة لمطابقة القصة.

# ارسم

الاسم ______________________ التاريخ ____________

1. حل. استخدم الروابط الرقمية لإظهار تفكيرك.
اكتب رابطًا رقميًا لحقيقة +10 ذات الصلة.

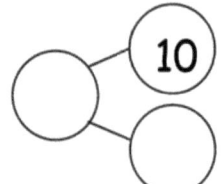

______ = 5 + 9

______ = 9 + 5

2. حل. ارسم خطًا لمطابقة الحقائق ذات الصلة واكتب حقيقة +10 ذات الصلة.

| | | |
|---|---|---|
| a. ______ = 7 + 9 | 8 + 9 = ______ | ______________ |
| b. 9 + 6 = ______ | ______ = 9 + 7 | 16= 6 + 10 |
| c. ______ = 9 + 8 | ______ = 6 + 9 | ______________ |

7. وصل التعبيرات المتساوية ببعضها.

| | |
|---|---|
| 3 + 9 .a | 4 + 10 |
| 9 + 5 .b | 0 + 10 |
| 6 + 9 .c | 2 + 10 |
| 9 + 8 .d | 5 + 10 |
| 7 + 9 .e | 7 + 10 |
| 1 + 9 .f | 6 + 10 |

8. أكمل جمل الجمع لجعلها صحيحة.

أ. ______ = 10 + 2

ب. ______ = 9 + 7

ج. 14 = 10 + ______

د. ______ = 9 + 3

هـ. ______ = 10 + 3

و. 14 = 9 + ______

ز. ______ = 9 + 10

ح. ______ = 9 + 8

ط. 17 = 7 + ______

ي. ______ = 9 + 5

ك. 18 = 10 + ______

ل. 17 = 9 + ______

م. ______ = 10 + 6

ن. 16 = 9 + ______

الاسم _____ التاريخ _____

حل. تم تنفيذ أول واحد من أجلك بالفعل.    اكتب الرابط لحقيقة 10 + ذات الصلة.

1.

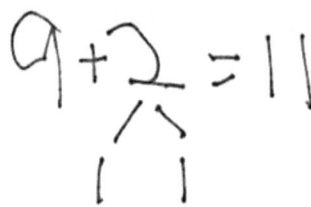

2 + 9 = 11    9 + 2 = 11

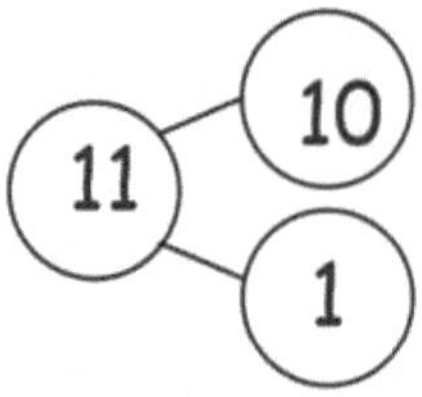

2.  ____ = 6 + 9    ____ = 9 + 6

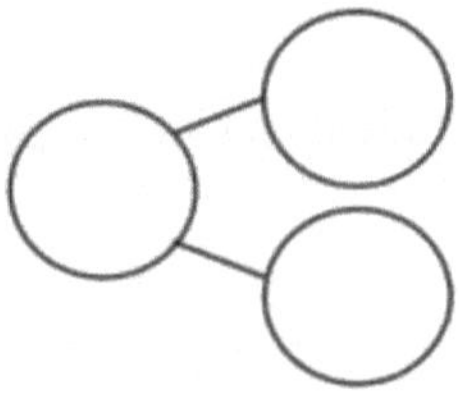

3.  ____ = 9 + 7    ____ = 7 + 9

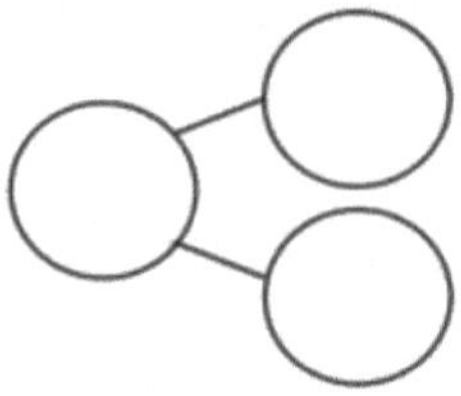

استخدم الروابط الرقمية لإظهار تفكيرك. اكتب حقيقة +10 ذات الصلة.

4.  ____ = 4 + 9    ____ = ____ + ____

5.  ____ = 9 + 3    ____ = ____ + ____

6.  ____ = 5 + 9    ____ = ____ + ____

اكتب

_____

_____

_____

# اقرأ

هناك 6 أطفال على الأراجيح و9 أطفال يلعبون بطاقة. كم عدد الأطفال الذين يلعبون في الملعب؟ كوّن عشرة لحلها. أنشئ رسمًا ورابطًا رقميًا وجملة رقمية إلى جانب عبارتك.

# ارسم

الاسم _____  التاريخ _____

أكمل الجملة الرقمية.
استخدم استراتيجية فعالة لحل الجمل الرقمية.

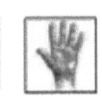 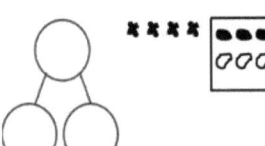

1. ___ = 2 + 9

2. ___ = 9 + 7

3. 5 + 9 = ___

6. 9 + 7 = ____ ____ + ____ = ____

7. 9 + ____ = ____ 10 + 7 = ____

أكمل جمل الجمع.

8. أ. 10 + 1 = ____

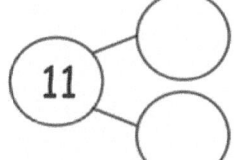

ب. 9 + 2 = ____

9. أ. 10 + 8 = ____

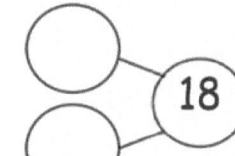

ب. 9 + 9 = ____

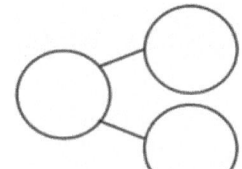

10. أ. 10 + 7 = ____

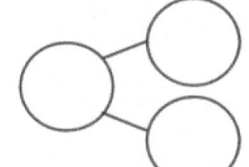

ب. 9 + 8 = ____

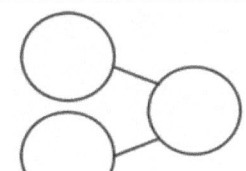

11. أ. 5 + 10 = ____

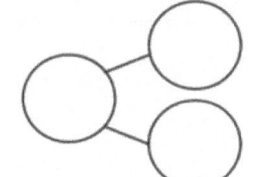

ب. 6 + 9 = ____

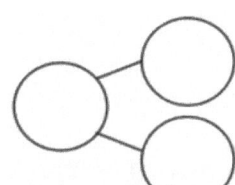

12. أ. 6 + 10 = ____

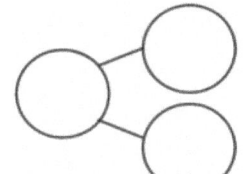

ب. 7 + 9 = ____

الاسم _____ التاريخ _____

كوّن عشرة لحلها. استخدم الرابط الرقمي لتظهر كيف أخرجت الرقم 1.

1. تمتلك سو 9 كرات تنس و3 كرات قدم. كم عدد الكرات التي لديها؟

9 + 3 = ____                    10 + ____ = ____

لدى سو ____ من الكرات.

2.   9 + 4 = ____                10 + ____ = ____

استخدم الروابط الرقمية لإظهار تفكيرك. اكتب حقيقة +10.

3. 9 + 2 = ____                  ____ + ____ = ____

4. 9 + 5 = ____                  ____ + ____ = ____

5. 9 + 4 = ____                  ____ + ____ = ____

# اكتب

## اقرأ

هناك 9 طيور حمراء و6 طيور زرقاء في الشجرة. كم عدد الطيور في الشجرة؟ استخدم رسمًا من عشرة إطارات وجملًا رقمًا.

اكتب رابطًا رقميًا لمطابقة القصة ورابطًا رقميًا لإظهار حقيقة +10 المطابقة. اكتب عبارة.

## ارسم

الاسم _____ التاريخ _____

حل.

قم بعمل رسومات رياضية باستخدام الإطار العشري لتوضيح كيف قمت بعمل 10 لحلها.

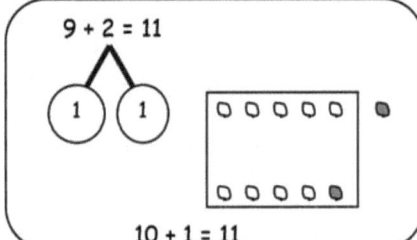

1. ____ = 9 + 6

2. 9 + 4 = ____

____ = ____ + 10

____ = ____ + ____

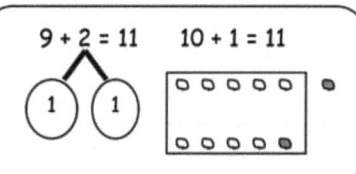

حل. اعمل رسومات رياضية باستخدام الإطار العشري للإظهار كيفية تكوين 10 للحل.

4. $9 + 5 = $ ___

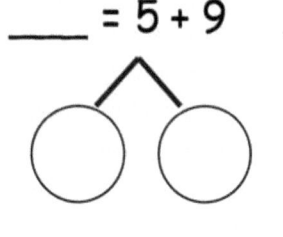

___ = ___ + ___

5. $9 + 6 = $ ___

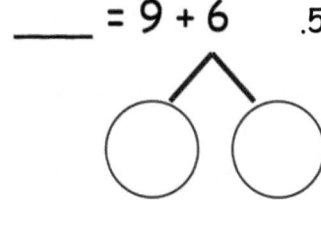

___ = ___ + ___

6. $9 + 8 = $ ___

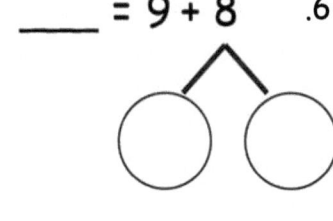

___ = ___ + ___

حل. استخدم رابطة رقمية لتظهر كيف قمت بعمل عشرة.

7. $9 + 5 = $ ___

8. $7 + 9 = $ ___

الاسم ______________________ التاريخ ______________

قم بتغيير الصورة لتكوين عشرة. اكتب جملة رقمية أسهل وحلها.

1. توم لديه 9 أقلام حمراء و5 صفراء. كم عدد أقلام الرصاص لدى توم ككل؟

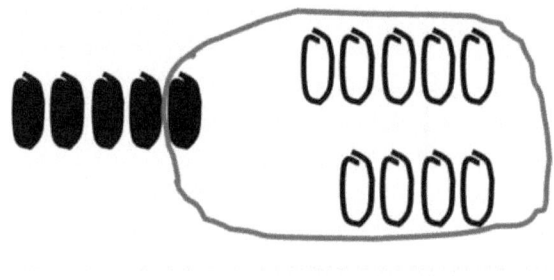

______ = 5 + 9

10 أقلام رصاص + _____ من أقلام الرصاص = _____ من أقلام الرصاص

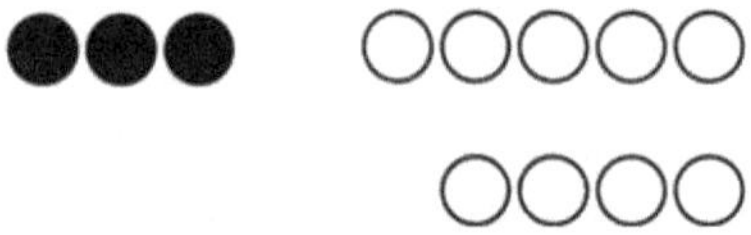

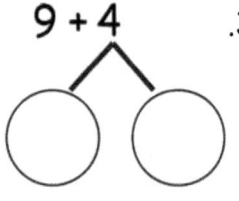

---

ارسم دائرة 10 وحل.

2. 3 + 9

______ = _____ + 10

3. 9 + 4

______ = _____ + 10

الدرس 4 مسألة التطبيق 2•1

## اكتب

22 الدرس 4: كوّن عشرة عندما يكون أحد الإضافات 9.

# اقرأ

مايكل يزرع 9 زهور في الصباح. ثم يزرع 4 زهور في فترة ما بعد الظهر. كم عدد الزهور التي زرعها في نهاية اليوم؟ أنشئ رسمًا، ورابطًا رقميًا، وعبارة.

# ارسم

الاسم _____ التاريخ _____

ارسم دائرة ارسم لتوضيح كيف قمت بعمل عشرة للحل. أكمل الجمل الرقمية.

تامي لديه 4 كتب، وجون لديه 9 كتب. كم عدد الكتب التي يمتلكها تامي وجون معًا؟

____ = ____ + ____

____ = ____ + ____    تامي وجون ____ لديهما من الكتب.

3. هناك 3 كراسي على الجانب الأيسر من الفصل و9 على الجانب الأيمن. كم عدد الكراسي الموجودة في الفصل؟

____ = ____ + 9

____ = ____ + 10

يوجد _____ من الكراسي ككل.

4. هناك 7 أطفال يجلسون على السجادة و9 أطفال واقفون. كم عدد الأطفال ككل؟

____ = ____ + 9

____ = ____ + 10

هناك _____ من الأطفال ككل.

الدرس 3 مجموعة المسائل

الاسم _____ التاريخ _____

(ارسم دائرة) ارسم لتوضيح كيف قمت بعمل عشرة لمساعدتك في حل المسألة.

1. لدى ماريا 9 كرات ثلج ، ولدى توني 6. كم عدد كرات الثلج التي لديهم ككل؟

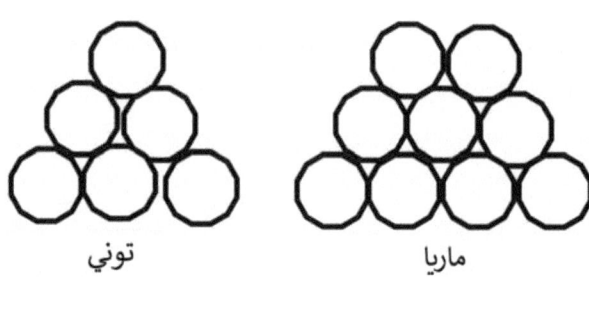

توني            ماريا

9 و _____ تساوي _____ .

10 و _____ تساوي _____ .

ماريا وتوني لديهما _____ من كرات الثلج ككل.


2. بوب لديه 9 حبات زبيب وجوني لديه 4 حبات. كم عدد الزبيب لديهم جميعًا؟

9 + ____ = ____

10 + ____ = ____

لدى بوب وجوني _____ من حبات الزبيب معًا.

# اكتب

_____

_____

_____

## اقرأ

أعطت الوالدة ابنها توم 4 بنسات. أعطاه والده 9 بنسات. أعطته شقيقته ما يكفي من البنسات بحيث أصبح لديه الآن ما مجموعه 14. كم بنسات أعطته أخته؟ استخدم رسمًا، وجملة رقمية، وعبارة.

**ملحق:** كم سيحتاج من البنسات للحصول على 19 بنسًا؟

## ارسم

الاسم _____ التاريخ _____

(ارسم دائرة) الأرقام التي تكوّن عشرة.

ارسم صورة، وأكمل الجمل الرقمية لحلها.

أ. 8 + 2 + 3 = ____

____ + ____ = ____

10 + ____ = ____

ب. 7 + 4 + 3 = ____

____ + ____ = ____

10 + ____ = ____

4. ☐ = 7 + 3 + 4

___ + ___ + ___  (10)

___ = ___ + 10

5. ☐ = 8 + 7 + 2

___ + ___ + ___  (10)

___ = ___ + 10

ارسم دائرة حول الأرقام التي تكوّن عشرة. ضعها في رابطة رقمية وحلها.

6. ___ = 5 + ①+ ⑨   (10)

7. ___ = 4 + 2 + 8

8. ___ = 5 + 5 + 3

9. ___ = 7 + 6 + 3

الاسم _____ التاريخ _____

ارسم دائرة الأرقام التي تكوّن عشرة. ارسم صورة. أكمل الجملة العددية.

1. ☐ = 4 + ③ + ⑦

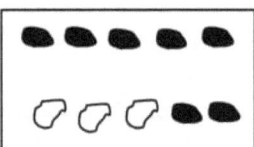

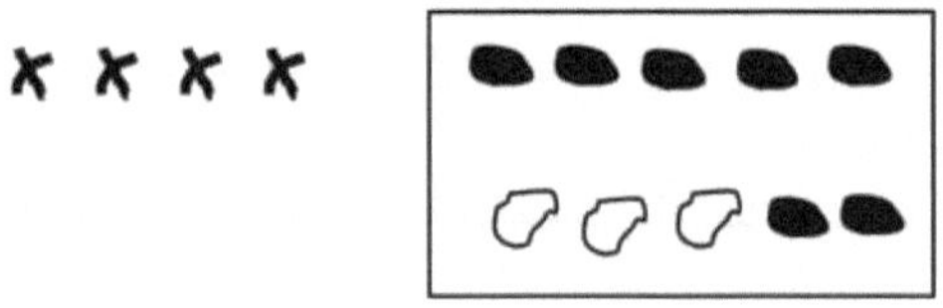

____ = ____ + 10

```
      [10]
      / \
 4 + [3] + [7]
```

2. ☐ = 4 + 1 + 9

____ = ____ + 10

____ + ____ + ____
       [10]

3. ☐ = 5 + 6 + 5

____ = ____ + 10

____ + ____ + ____
       [10]

قصة الوحدات
الدرس 2 مسألة تطبيقية 2•1

**اكتب**

10 الدرس 2: استخدم الخصائص الترابطية والتبادلية لعمل عشرة بثلاث عمليات جمع.

# اقرأ

كانت ليزا تقرأ كتابًا. قرأت 6 صفحات في الليلة الأولى، و5 صفحات في الليلة التالية، و4 صفحات في الليلة التي تلتها. كم عدد الصفحات التي قرأتها؟

قم بعمل رسم لإظهار تفكيرك. اكتب عبارة للانطلاق في عملك.

**ملحق:** إذا قرأت ما مجموعه 20 صفحة بحلول الليلة الخامسة، فكم عدد الصفحات التي كان بإمكانها قراءتها في الليلة الرابعة والخامسة؟

# ارسم

قصة الوحدات											الدرس 1 تذكرة الخروج			2•1

الاسم _____  التاريخ _____

اقرأ قصة الرياضيات. قم بعمل رسم حسابي بسيط باستخدام الملصقات. (ارسم دائرة) 10 وحل.

توبي لديه مال الآيس كريم. لديه 2 من القروش. يجد 4 قروش إضافية في سترته و 8 أخرى على الطاولة. كم عدد القروش التي لدى توبي؟

___ = ___ + ___ + ___

___ = ___ + 10

توبي لديه ____ من القروش.

الدرس 1: حل مسائل الكلمات بثلاث عمليات جمع، اثنتان منها تكوّن عشرة.

3. مادي يذهب إلى البركة ويصطاد 8 حشرات و3 ضفادع و2 شراغيف. كم عدد الحيوانات التي أمسكتها تمامًا؟

___ = ___ + ___ + ___

___ = ___ + 10

اصطادت مادي ـــــــ من الحيوانات.

---

4. وصل مولي إلى الحفلة أولاً بأربع بالونات حمراء. جاء كيني بعد ذلك مع 2 من البالونات الخضراء. جاءت دارا في النهاية ومعها 6 بالونات زرقاء. كم عدد البالونات التي أحضرها هؤلاء الأصدقاء؟

___ = ___ + ___ + ___

___ = ___ + 10

يوجد ـــــــ من البالونات.

الاسم ______________ التاريخ ______________

اقرأ قصة الرياضيات. قم بعمل رسم حسابي بسيط باستخدام الملصقات. (ارسم دائرة) 10 وحل.

1. ذهب بيل إلى المتجر. اشترى تفاحة واحدة و9 ثمرات موز و6 ثمرات كمثرى. كم عدد قطع الفاكهة التي اشتراها؟

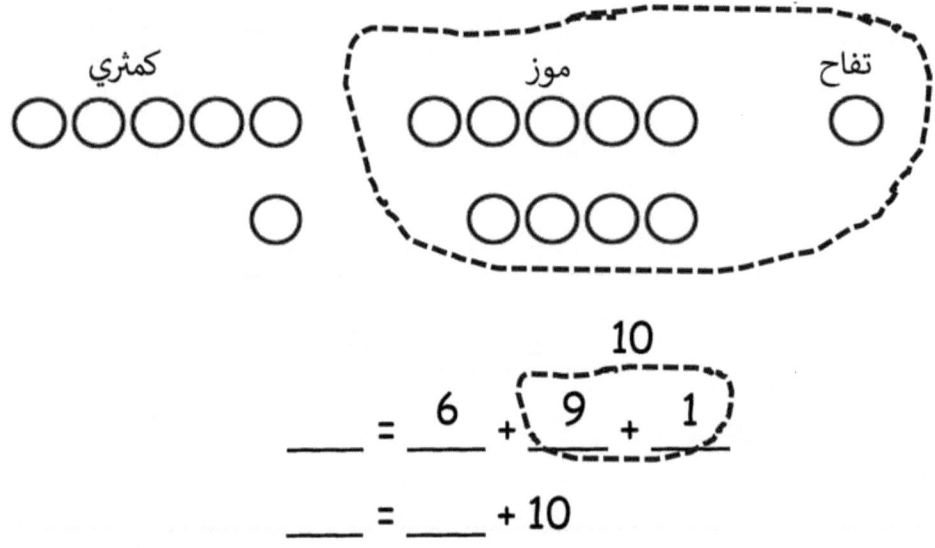

10

____ = 6 + 9 + 1

____ = ____ + 10

اشترى بيل _____ قطع من الفاكهة.

---

2. تحصل ماريا على بعض الألعاب الجديدة في عيد ميلادها. لديها 4 دمى و7 كرات و3 ألعاب. كم عدد الألعاب التي تلقتها؟

____ = ____ + ____ + ____

____ = ____ + 10

تلقت ماريا _____ ألعاب الأطفال.

# اكتب

## اقرأ

كان لدى جون وإيما وأليس 10 زبيبات لكل منهم. أكل جون 3 حبات من الزبيب، وأكلت إيما 4 حبات من الزبيب، وأكل أليس 5 حبات من الزبيب. كم عدد الزبيب لديهم جميعًا الآن؟ اكتب رابطًا رقميًا وجملة رقمية لكل منهم.

## ارسم

الصف 1

الوحدة 2

### الموضوع ج: استراتيجيات الحل يتغيرون أو إضافة غير معروف مشاكل

| | | |
|---|---|---|
| الدرس 22 | ................................................ | 135 |
| الدرس 23 | ................................................ | 139 |
| الدرس 24 | ................................................ | 145 |
| الدرس 25 | ................................................ | 151 |

### الموضوع د: مشاكل متنوعة مع تحليلات أعداد المراهقين مثل 1 عشرة وبعضها

| | | |
|---|---|---|
| الدرس 26 | ................................................ | 157 |
| الدرس 27 | ................................................ | 163 |
| الدرس 28 | ................................................ | 169 |
| الدرس 29 | ................................................ | 175 |

## الوحدة 3: ترتيب ومقارنة قياسات الطول كأرقام

### الموضوع أ: مقارنة غير مباشرة في قياس الطول

| | | |
|---|---|---|
| الدرس 1 | ................................................ | 183 |
| الدرس 2 | ................................................ | 189 |
| الدرس 3 | ................................................ | 199 |

### الموضوع ب: وحدات الطول القياسي

| | | |
|---|---|---|
| الدرس 4 | ................................................ | 207 |
| الدرس 5 | ................................................ | 215 |
| الدرس 6 | ................................................ | 221 |

### الموضوع ج: وحدات الطول القياسي وغير القياسي

| | | |
|---|---|---|
| الدرس 7 | ................................................ | 229 |
| الدرس 8 | ................................................ | 235 |
| الدرس 9 | ................................................ | 241 |

### الموضوع د: تفسير البيانات

| | | |
|---|---|---|
| الدرس 10 | ................................................ | 249 |
| الدرس 11 | ................................................ | 255 |
| الدرس 12 | ................................................ | 261 |
| الدرس 13 | ................................................ | 267 |

# المحتويات

## الوحدة 2: مقدمة للقيمة المكانية من خلال الجمع والطرح في نطاق 20

### الموضوع أ: الاعتماد على العشرة أو حلها النتيجة غير معروفة و المجموع غير معروف مشاكل

| الدرس | الصفحة |
|---|---|
| الدرس 1 | 13 |
| الدرس 2 | 9 |
| الدرس 3 | 15 |
| الدرس 4 | 21 |
| الدرس 5 | 27 |
| الدرس 6 | 33 |
| الدرس 7 | 39 |
| الدرس 8 | 45 |
| الدرس 9 | 51 |
| الدرس 10 | 57 |
| الدرس 11 | 63 |

### الموضوع ب: الاعتماد على العشرة أو حلها النتيجة غير معروفة و المجموع غير معروف مشاكل

| الدرس | الصفحة |
|---|---|
| الدرس 12 | 69 |
| الدرس 13 | 77 |
| الدرس 14 | 83 |
| الدرس 15 | 89 |
| الدرس 16 | 95 |
| الدرس 17 | 101 |
| الدرس 18 | 107 |
| الدرس 19 | 115 |
| الدرس 20 | 121 |
| الدرس 21 | 129 |

# عملية القراءة - الرسم - الكتابة

يدعم منهج Eureka Math الطلاب أثناء حل المسائل باستخدام عملية بسيطة ومتكررة قدّمها المعلم. تدعو عملية القراءة - الرسم - الكتابة (RDW) الطلاب إلى

1. اقرأ المسألة.
2. ارسم وحدد.
3. اكتب معادلة.
4. اكتب كلمة من جملة (جملة خبرية).

يتم تشجيع المعلمين على تعزيز العملية التعليمية عن طريق الأسئلة الاعتراضية مثل

- ماذا ترى؟
- هل يمكنك رسم شيء؟
- ما الاستنتاجات التي يمكنك استخلاصها من الرسم الخاص بك؟

كلما زاد عدد الطلاب المشاركين في التفكير من خلال المسائل مع هذا المنهج المنهجي المنفتح، زاد استيعابهم لعملية التفكير وتطبيقها تلقائيًا لسنوات قادمة.

# الطلاب والأسر والمعلمين:

نشكرك على كونك جزءًا من مجتمع ®Eureka Math، حيث نحتفل برونق الرياضيات وتساؤلاتها وإثاراتها.

في الفصل الدراسي Eureka Math، يتم تنشيط التعلم الجديد من خلال التجارب الغنية والحوار. *يضع كتاب التعلم بين يدي كل طالب المطالبات وتسلسل المسائل التي يحتاجون إليها للتعبير عن تعلمهم وتعزيزه في الفصل.*

### ماذا يوجد بكتاب *التعلم*؟

**مسائل التطبيق: يعد حل المشكلات في سياق العالم الحقيقي جزءًا يوميًا من Eureka Math.** يبني الطلاب الثقة والمثابرة وهم يطبّقون معرفتهم في مواقف جديدة ومتنوعة. يشجع المنهج الطلاب على استخدام عملية RDW - اقرأ المسألة، وارسم لفهمها، واكتب معادلةً وحلًا. يُسهّل المعلمون أثناء مشاركة الطلاب لعملهم وشرح استراتيجيات الحلول لبعضهم البعض.

**مجموعات المسائل: توفر مجموعة المسائل المتسلسلة بعناية فرصة داخل الفصل للعمل المستقل، مع نقاط دخول متعددة للتمايز.** يمكن للمعلمين استخدام عملية التحضير والتخصيص لتحديد مشاكل "يجب القيام به" لكل طالب. سيكمل بعض الطلاب مسائل أكثر من الآخرين؛ المهم هو أن جميع الطلاب لديهم فترة 10 دقائق لممارسة ما تعلموه على الفور، بدعم خفيف من معلمهم.

يحضر الطلاب مجموعة المسائل معهم إلى النقطة النهائية في كل درس: استعلام الطالب. هنا، يتأمل الطلاب مع أقرانهم ومعلميهم، في توضيح وتعزيز ما تساءلوا، لاحظوه، وتعلموا في ذلك اليوم.

**تذاكر الخروج: يُظهر الطلاب لمعلمهم ما يعرفونه من خلال عملهم على تذكرة الخروج اليومية.** يوفر التحقق من الفهم للمعلم أدلة قيّمة في الوقت الفعلي حول فعالية تعليمات ذلك اليوم، مما يمنح رؤية ثاقبة حول مكان التركيز التالي.

**القوالب: من وقت لآخر، تتطلب مشكلة التطبيق أو مجموعة المسائل أو أي نشاط آخر في الفصل الدراسي أن يكون لدى الطلاب نسختهم الخاصة من صورة أو نموذج قابل لإعادة الاستخدام أو مجموعة بيانات.** يُعرض كل درس من هذه القوالب مع الدرس الأول الذي يتطلب ذلك.

### *أين يمكنني معرفة المزيد عن موارد Eureka Math؟*

يلتزم فريق ®Great Minds بدعم الطلاب والأسر والمعلمين من خلال مكتبة من الموارد المتزايدة باستمرار والمتوفرة على eureka-math.org. *يقدم الموقع أيضًا قصصًا ملهمة عن النجاح في مجتمع Eureka Math. شارك أفكارك وإنجازاتك مع زملائك المستخدمين من خلال أن تصبح بطل Eureka Math.*

أطيب التمنيات لسنة مليئة بلحظات ممتعة!

جيل دينيز
مدير الرياضيات
Great Minds

# تعلم ♦ مارس ♦ انجح

تتوفر مواد طلاب ®Eureka Math لقصة الوحدات® *(من الروضة إلى الخامسة) في ثلاثية تعلم، مارس، انجح*. تدعم هذه السلسلة التمايز والمعالجة مع الاحتفاظ بمواد الطلاب منظمة ويمكن الوصول إليها. سيجد المعلمون أن سلسلة كتب التعلم والممارسة والنجاح تقدم أيضًا موارد متماسكة - وبالتالي أكثر فعالية - للاستجابة للتدخل (RTI)، وممارسة إضافية والتعلم الصيفي.

## التعلم

*تُعد Eureka Math Learn بمثابة رفيق للطالب في الصف حيث يظهرون تفكيرهم، ويشاركون ما يعرفونه، ويشاهدون معرفتهم وهي تبني كل يوم. يضم كتاب التعلم تجميعة الواجب الدراسي اليومي - مسائل التطبيق وتذاكر الخروج ومجموعات المسائل والقوالب - بحجم يسهل حمله والتنقل به.*

## الممارسة

يبدأ كل درس في Eureka Math بسلسلة من أنشطة الطلاقة النشطة والحيوية، بما في ذلك تلك الموجودة في ممارسة Eureka Math. يمكن للطلاب الذين يجيدون حقائق الرياضيات الخاصة بهم إتقان المزيد من المواد بشكل أكثر عمقًا. *مع كتاب الممارسة، يبني الطلاب الكفاءة في المهارات المكتسبة حديثًا ويعزّز التعلم السابق استعدادًا للدرس التالي.*

يوفر كتابا التعلم والممارسة كافة المواد المطبوعة التي سيستخدمها الطلاب لتدريس الرياضيات الأساسية.

## النجاح

*يُمكن قسم النجاح Eureka Math الطلاب من العمل بشكل فردي نحو الإتقان.* تضفي مجموعات المسائل الإضافية محاذاة الدرس تلو الدرس مع تعليمات الفصل الدراسي أجواء مثالية للاستخدام كواجب منزلي أو تدريب إضافي. يرافق Homework Helper كل مجموعة مسائل، وهي عبارة عن الأمثلة العملية التي توضح كيفية حل المسائل المماثلة.

يمكن للمعلمين والمربيين استخدام كتب النجاح من مستويات الصف السابق كأدوات متوافقة مع المناهج لملء الفجوات في المعرفة التأسيسية. سيزدهر الطلاب ويتقدمون بشكل أسرع حيث تسهّل النماذج المألوفة الاتصال بمحتواهم الحالي على مستوى الصف.

EUREKA MATH®

Great Minds PBC is the creator of Eureka Math®
Wit & Wisdom®, Alexandria PlanTM, and PhD ScienceTM

Published by Great Minds PBC. greatminds.org

Copyright © 2020 Great Minds PBC. All rights reserved. No part of this work may be reproduced or used in any form or by any means—graphic, electronic, or mechanical, including photocopying or information storage and retrieval systems—without written permission from the copyright holder

ISBN 978-1-64929-114-1

20  21  22  23  24  25  XXX  10  9  8  7  6  5  4  3  2  1

Printed in the USA

التعلم

# Eureka Math
## الصف الأول
## الوحدات 2 و 3

Printed by Libri Plureos GmbH in Hamburg, Germany